Claudia Schiffer

WIE AUS KLICKS KUNDEN WERDEN

Claudia Schiffer

WIE AUS KLICKS KUNDEN WERDEN

Die richtige Zielgruppe finden, definieren und erfolgreich ansprechen

REDLINE | VERLAG

Bibliografische Information der Deutschen Nationalbibliothek
Die Deutsche Nationalbibliothek verzeichnet diese Publikation in der Deutschen Nationalbibliografie. Detaillierte bibliografische Daten sind im Internet über http://dnb.d-nb.de abrufbar.

Für Fragen und Anregungen
info@redline-verlag.de

1. Auflage 2022

Türkenstraße 89
D-80799 München
Tel.: 089 651285-0
Fax: 089 652096

Redaktion: Christiane Otto
Umschlaggestaltung: Karina Braun
Umschlagabbildung: vasabii/Shutterstock
Satz: Carsten Klein, Torgau
Druck: GGP Media GmbH, Pößneck
Printed in Germany

ISBN Print 978-3-86881-880-2
ISBN E-Book (PDF) 978-3-96267-406-9
ISBN E-Book (EPUB, Mobi) 978-3-96267-407-6

Wir produzieren nachhaltig
www.m-vg.de

Weitere Informationen zum Verlag finden Sie unter
www.redline-verlag.de
Beachten Sie auch unsere weiteren Verlage unter www.m-vg.de

Inhalt

Einleitung: Wofür brauchen wir eine Zielgruppe?

Bevor wir ins Thema einsteigen, möchte ich zuerst eine der wichtigsten – wenn nicht sogar DIE wichtigste Frage – besprechen: *»Wofür brauchen wir überhaupt eine Zielgruppe?«* Fangen wir mit dem Offensichtlichsten an: **Ohne Zielgruppe verkaufen wir nichts!**

Damit ist direkt klar: ohne Zielgruppe kein Business. Also wäre es jetzt einfach zu sagen: *»Gut, dann überlege ich mir mal schnell, an wen ich mein Angebot verkaufen will … und fertig!«* Das ist sehr wahrscheinlich der Weg, den die meisten Selbstständigen gehen. Doch leider führt dieser nicht zum gewünschten Erfolg.

Bestimmt hast du schon mal gehört, wie wichtig es ist, die eigene Zielgruppe zu kennen. Leider wird aber nirgendwo erklärt, was alles wirklich dahintersteckt. Und das ist so viel mehr, als die meisten Leute sich zu Beginn vorstellen können.

Um es kurz, aber anschaulich zu halten, werde ich nun anhand einer Rückwärtsplanung zeigen, worum es beim Thema Zielgruppe wirklich geht:

1. Am Ende des Tages steht immer der Verkauf unseres Angebotes im Vordergrund. Wir möchten Geld verdienen, mindestens genug, aber am liebsten so viel, dass wir entspannt und glücklich leben können.
2. Um unser Angebot verkaufen zu können, brauchen wir Menschen, die sich dafür interessieren und die unserem Angebot ihre Aufmerksamkeit schenken.
3. Um die Aufmerksamkeit dieser Menschen zu bekommen – um ihr Interesse zu wecken –, müssen wir unsere Kundenansprache

(Texte auf der Website, Landingpage und Social Media) richtig formulieren.
4. Um unsere Kundenansprache richtig formulieren zu können, müssen wir Folgendes von unserer Zielgruppe in Erfahrung bringen:
   - Was sind das für Menschen?
   - Welche Persönlichkeiten und Werte haben sie?
   - Welche Probleme haben sie?
   - Wissen sie schon, dass sie ein Problem haben?
   - Welches Bedürfnis möchten sie befriedigen?
   - Was ist ihr Ziel?
5. Um das alles herauszufinden, müssen wir persönlich mit unserer Zielgruppe sprechen.
6. Und um mit ihr persönlich sprechen zu können, sollten wir wissen, mit WEM wir eigentlich sprechen müssen und WO wir sie finden.

Das bedeutet, um am Ende so gut verkaufen zu können, dass man entspannt und glücklich leben kann, braucht man am Anfang eine klare Zielgruppendefinition.

Ich kann mir vorstellen, dass sich alle deine Nackenhaare bei diesem Satz hochstellen. Das ist tatsächlich ganz normal. Denn das, was bisher zu diesem Thema überall zu finden ist, ist trocken, langweilig und sehr fiktiv.

Wenn du erst einmal verstanden hast, was eine Zielgruppendefinition alles beinhaltet und welche Ergebnisse sich damit erzielen lassen, dann – und da bin ich mir absolut sicher – wirst du es kaum noch erwarten können anzufangen.

Den ersten Schritt in die richtige Richtung hat du bereits erfolgreich absolviert, denn mit dem Kauf dieses Buches hast du dir einen klaren Vorteil gesichert.

Meine Art der Zielgruppendefinition ist auf dem deutschen Markt bisher noch nicht weitverbreitet. Sie ist das Ergebnis jahrelanger Recherchen, Tests und gescheiterter Versuche.

Ich habe dafür viele verschiedene Methoden aus den unterschiedlichsten Bereichen zusammengebracht, um dir am Ende das bestmögliche Ergebnis liefern zu können.

Viel Spaß bei der Lektüre wünscht

Claudia Schiffer

Warum ein Buch über Zielgruppen?

Wie bereits in der Einleitung erwähnt, ist das Thema Zielgruppendefinition nicht unbedingt beliebt … verständlicherweise.

Aber dennoch ist es ungemein wichtig, diesen Bereich nicht einfach zu ignorieren, denn die Definition der eigenen Zielgruppe ist die Grundlage – das Fundament für unser Business.

Ich vergleiche den Aufbau eines Business immer gern mit dem Aufbau eines Hauses:

- Die Zielgruppe ist das Fundament.
- Das Thema sind die Wände.
- Die Website ist das Dach.
- Der Social-Media-Account ist die Innenausstattung.

Womit würde man einen Hausbau idealerweise beginnen? Mit dem Dach und der Innenausstattung? Oder doch lieber mit dem Fundament und den Wänden?

Ohne ein gut ausgearbeitetes Fundament wird unser Haus in keinem Fall tragfähig sein. Es besteht zu jeder Zeit die Möglichkeit, dass es wie ein Kartenhaus zusammenfällt.

Wichtig ist also, zu Beginn das Fundament gut zu planen und auszuarbeiten, bevor wir die Wände aufstellen. Dann erst kommt das Dach und zu guter Letzt die Innenausstattung.

Natürlich macht die Innenausstattung am meisten Spaß, aber leider können wir als Selbstständige nicht immer nur Dinge tun, die uns Spaß machen. So leid es mir tut, aber da bin ich direkt ehrlich mit dir.

Sehr wahrscheinlich hast du dich selbstständig gemacht oder möchtest dich selbstständig machen, um deinen Traum zu leben. Um endlich mit dem, was du liebst, dein Geld zu verdienen.

Doch bevor du das erreichen kannst, musst du eine Menge neuer Themen angehen und einiges dazulernen. Dazu gehören unter anderem auch Themen, die auf den ersten Blick nicht ganz so spannend klingen.

Erschwerend kommt noch dazu: Wenn wir uns ausführlich damit beschäftigen, mit wem wir arbeiten wollen, kommen über kurz oder lang Fragen auf: Werde ich auch genügend Menschen finden, denen das gefällt, was ich anbiete? Wird mein Thema überhaupt gebraucht? Bin ich denn gut genug?

Diese Fragen schüren Ängste, und die wiederum führen zu Blockaden, und um uns damit nicht länger auseinandersetzen zu müssen, flüchten wir uns in Dinge und Themen, die uns Spaß machen.

Wir arbeiten unser Programm aus, erstellen eine Website, denken über Farben, Formen und Möglichkeiten nach … wir träumen unseren Traum.

Das ist ganz natürlich und vor allem auch menschlich. ABER leider bringt es uns nicht weiter. Denn nur, wenn wir diesen Ängsten ins Auge schauen, sie von allen Seiten betrachten und Lösungen finden … erst dann werden sie verschwinden.

Wer seine Blockaden, Ängste und Glaubenssätze immer wieder nach hinten drängt, wird nie wirklich davon loskommen. Daher mein Rat an dich, auch wenn es wehtut: Augen zu und durch!

Also, sei mutig und gehe diesen Weg **Schritt für Schritt**. Dann sieht die nächste Aufgabe gar nicht mehr so groß und so »unschaffbar« aus.

Ich denke, das Bild mit dem Hausbau hilft dir ein wenig dabei, zu verstehen, in welcher Reihenfolge du vorgehen solltest beim Aufbau deines Business.

Alle vier Bereiche (Zielgruppe, Thema, Website, Social-Media-Account) sind entscheidend, um am Schluss ein stabiles, tragfähiges Haus zu haben. Doch es ist ungemein wichtig, die Reihenfolge einzuhalten.

Im Netz finden wir eine Menge Blogartikel, Berichte, Videos und so weiter, die uns sagen: *»Du musst deine Zielgruppe kennen, um zu wissen, für WEN du dein Angebot erstellst!«* Und dem stimme ich auch zu, nur ist das bei WEITEM längst nicht alles! Viele hören an diesem Punkt einfach auf, sich mit dem Thema Zielgruppe zu beschäftigen. Sie überlegen sich – entweder anhand einer Buyer-Persona-Vorlage oder weil sie selbst schon mal ihre eigene Zielgruppe waren –, wie diese Zielgruppe aussehen könnte.

Manche machen das ausführlicher. Das kann dann so aussehen:

> *»Petra, 27 Jahre alt, wohnt in Essen. Hat zwei Kinder, sechs und vier Jahre alt. Arbeitet als Bankkauffrau, schaut gern romantische Komödien auf Netflix, liest gern Beautyzeitschriften …«*

Und andere wiederum bleiben bei den Basics:

> *»Frauen zwischen 25 und 45 Jahren, denen ihre Gesundheit am Herzen liegt und die sich mit dem Thema Nachhaltigkeit beschäftigen!«*
> *»Menschen, die sich einsam fühlen!«*
> *»Mütter, die sich nebenberuflich selbstständig machen wollen!«*
> …

All das beschreibt – mal gut, mal weniger gut –, mit wem sie zusammenarbeiten wollen. Aber es hilft ihnen nicht wirklich weiter. Sehr wahrscheinlich werden sie auf diese Weise mit ihrem Angebot oder ihrem Produkt nicht sichtbar, bekommen keine Reichweite, gewinnen kaum Kund*innen (und wenn, dann nur die Falschen). Mit der Zeit werden sie immer frustrierter, weil einfach nichts so funktioniert, wie sie es sich erhofft hatten.

Es ist ganz egal, ob du gerade darüber nachdenkst, dich selbstständig zu machen, oder ob du bereits losgelaufen bist. Das Thema Zielgruppe sollte für dich oberste Priorität haben.

Ich habe dieses Buch geschrieben, um jeden einzelnen Punkt im vollen Scheinwerferlicht zu präsentieren. Ich werde Techniken vorstellen, von denen du noch nicht mal geahnt hast, dass sie etwas mit Zielgruppendefinition zu tun haben.

Diese Techniken habe ich aus verschiedenen Bereichen zusammengetragen. Die Zusammensetzung ist nicht wissenschaftlich belegt, sondern besteht einzig aus meinen eigenen Erfahrungswerten und Erfolgserlebnissen (die mittlerweile auch schon vielen meiner Kundinnen zum Erfolg verholfen haben).

Seit Jahren schon setze ich mich mit dem Thema Zielgruppe auseinander, da es mich persönlich sehr lange beschäftigt hat. Ich habe viel hinterfragt, ausprobiert, umgeworfen und nochmals hinterfragt. Und das Ergebnis hältst du jetzt in deinen Händen.

Aufbau des Buches

Im Prinzip möchte ich, dass du nicht einfach nur liest, sondern auch direkt mit einsteigen kannst. Dafür habe ich dieses Buch in drei Teile aufgeteilt:

1. Wir starten mit der Theorie – ich weiß, das ist nicht unbedingt der beliebteste Part, aber er ist ungemein wichtig. In diesem Teil gebe ich dir all die Hintergrundinformationen, die du brauchst, um im zweiten Teil direkt in die Praxis einsteigen zu können.
2. Im Praxisteil gehe ich Schritt für Schritt durch die Grunddefinition, die Umfragen und die Interviews. So bekommst du all das Rüstzeug, um dann in der dritten Passage deine Kundenansprache formulieren zu können.
3. Und im dritten Teil sprechen wir ausführlich über deine Kundenansprache und wie du das bisher Gelernte eins zu eins auf deiner Website und deinen Social-Media-Accounts umsetzen kannst.

Du siehst, es macht Sinn, dieses Buch wirklich Schritt für Schritt durchzuarbeiten, denn ein Teil baut auf dem nächsten auf. Gemeinsam werden wir in diesem Buch herausfinden,

- warum es so wichtig ist zu wissen, welcher Persönlichkeitstyp du bist.
- warum der Persönlichkeitstyp deiner Zielgruppe wichtig ist, aber dir nicht dabei hilft, deine Kundenansprache zu formulieren.

- wo genau sich deine Zielgruppe gerade befindet und was sie wirklich haben will.
- wie du eine Grunddefinition und eine Umfrage erstellst, um anschließend persönliche Gespräche mit deiner Zielgruppe führen zu können.
- wie du am Ende aus all diesem Wissen die Kundenansprache formulierst, die dir garantiert regelmäßig zahlende Kund*innen bringt.

Bevor wir in die Theorie starten:
Das Thema Zielgruppe ist ein Prozess. Ich kann dir jetzt schon versprechen: Du wirst nicht nur einmal deine Zielgruppe definieren, um die dazugehörige Kundenansprache zu formulieren. Der Prozess, den ich dir mit diesem Buch an die Hand gebe, wird dich deine gesamte Zeit im Business begleiten. Es ist wichtig, dass du das Thema immer im Auge behältst.

Und ja, es ist auch möglich, etwas zu verändern oder komplett über den Haufen zu werfen. Nur weil du dich für eine Zielgruppe entschieden hast, heißt das noch lange nicht, dass du damit jetzt für immer weiterleben musst.

Eine Sache noch, bevor es losgeht: Ich freue mich immer über Feedback zu meiner Arbeit. Besonders spannend finde ich, was die großen Aha-Momente hervorgerufen hat. Also, was hat dich dazu motiviert, einen völlig neuen Weg mit diesem Thema anzugehen?

Wenn du magst, erzähl mir gern davon. Schick mir eine E-Mail an: *claudia@sogehtzielgruppe.de*. Und jetzt tauchen wir ein in die wundervolle Welt der Zielgruppendefinition!

TEIL 1:

DIE THEORIE

Die vier Herangehensweisen bei der Zielgruppendefinition

Bei meiner Arbeit als Zielgruppencoach habe ich festgestellt, dass es im Allgemeinen insgesamt vier unterschiedliche Herangehensweisen gibt, die Zielgruppe zu definieren. Ich bin gespannt, ob du dich in einer davon wiederfindest:

1. Ich war selbst mal meine Zielgruppe.
2. Ich sehe den Bedarf und habe die Lösung.
3. Persona, Avatar und Co. – weil man mir es so sagt.
4. Bisher habe ich mich noch gar nicht wirklich mit dem Thema befasst.

Fangen wir an mit:

- **Erste Herangehensweise: Ich war selbst mal meine Zielgruppe!** Viele Coaches, Trainer und Berater starten in ein Themengebiet, das sie selbst sehr gut kennen. Denn es liegt nahe, dass wir etwas weitergeben, das wir selbst durchlebt haben. (Das mache ich ja auch so.) Im Prinzip ist das auch ein wirklich guter Plan, denn so wissen wir, was für unsere Zielgruppe wirklich wichtig ist. Allerdings birgt diese Herangehensweise eine große Gefahr:
  Wenn wir selbst einmal unsere eigene Zielgruppe waren, gehen wir fest davon aus, dass wir wissen, was unsere Zielgruppe braucht. Wir überspringen den Punkt der Zielgruppendefinition komplett (oder bearbeiten ihn nur rudimentär). Wir sind davon überzeugt, ganz genau zu wissen, was das für Menschen sind, und auch, was genau ihr Problem ist. Also, warum noch groß darüber nachdenken?! Schnell ein Angebot erstellen, und los geht's!

Und dann? Tja, dann passiert das Unvermeidliche … es interessiert sich niemand dafür. Und warum das so ist, verstehen wir nicht. Denn wir glauben, das ist doch ganz genau das Angebot, das wir selbst gern gehabt hätten … damals, in dieser Situation.

- **Zweite Herangehensweise: Ich sehe den Bedarf und kenne die Lösung!**
  Viele starten in ihre Selbstständigkeit mit einem Thema (oder einer Zielgruppe), von dem (der) sie glauben, dass es schnell viel Geld und Erfolg bringt. Sie denken, dass sie etwas anbieten, nach dem ein großer Bedarf besteht.
  Entweder wissen diese Leute bereits viel über das Thema, oder sie lernen mal eben schnell die wichtigsten Punkte und erzählen dann, dass sie sich damit auskennen.
  Ausschlaggebend ist für sie allerdings, dass es einen großen Bedarf gibt, ganz egal, ob sie dieses Thema wirklich mögen oder nicht.
- **Dritte Herangehensweise: Persona, Avatar und Co. – weil man es mir so sagt.**
  Die meisten erstellen eine Buyer Persona, weil sie es nicht besser wissen. Wie denn auch? Überall im Netz wird doch gepredigt, es so zu machen.
  Dem Thema Buyer Persona habe ich ein ganzes Kapitel gewidmet. Wir sprechen also später noch ausführlich darüber.
- **Vierte Herangehensweise: Bisher habe ich mich noch gar nicht wirklich mit dem Thema befasst.**
  Es gibt auch einige, die sich mit dem Thema Zielgruppe noch gar nicht wirklich auseinandergesetzt haben. Sie wissen zwar, dass es wichtig ist, aber …
  Das Thema, das Angebot, die Website, der Name, der Social-Media-Auftritt … alles scheint erst einmal viel wichtiger. *»Meine Zielgruppe wird mich schon finden!«*
  Oder auch nicht! Sich gar nicht mit der eigenen Zielgruppe auseinanderzusetzen, ist genauso wenig hilfreich wie die anderen Herangehensweisen, über die wir gesprochen haben.

Unter all diesen Herangehensweisen gibt es keine, die besser oder schlechter ist als die andere. Fakt ist: Mit keiner davon wirst du wirklich erfolgreich werden. Und ich denke mal, dass genau das dein Ziel ist.

UND JETZT BIST DU DRAN:

Hast du dich in einer dieser Methoden wiedergefunden? Dann wäre hier der Platz, um noch mal zu rekapitulieren, warum es mit deiner Herangehensweise bisher nicht funktionieren konnte. Wenn du dich jetzt fragst, wofür das gut sein soll?! Ganz einfach: Das hier alles nur zu lesen und zu denken: *»Ach, so ist das!«*, bringt dich nicht wirklich weiter.

Lässt du deine Situation noch mal Revue passieren und vergleichst sie mit dem, was du gerade gelesen hast, dann kannst du eher verstehen, was genau schiefgelaufen ist.

Fängst du gerade erst von vorn an und beschäftigst dich jetzt zum ersten Mal mit deiner Zielgruppe? Dann kannst du diesen Schritt überspringen.

Die vier Säulen einer guten Zielgruppendefinition

In diesem Kapitel möchte ich über die wichtigsten Säulen deiner Zielgruppendefinition sprechen. Und das sind nicht Tools oder Tipps und Tricks, die dich dabei unterstützen, sondern Fähigkeiten, ohne die du bei diesem Thema keinen Schritt weiterkommst.

Ich spreche hier über: **Mut, Geduld, Glaube** und **Fokus.** (Und an deiner Stelle würde ich dieses Kapitel nicht überspringen. Es mag auf den ersten Blick unwichtig erscheinen, könnte dir aber in Zukunft immer mal wieder den Hintern retten, wenn du dich an diese Zeilen erinnerst.)

Mut

Wenn es an die Definition der eigenen Zielgruppe geht, braucht man an erster Stelle Mut: und zwar **den Mut, sich selbst wirklich kennenzulernen**. Denn es ist wichtig, zuerst bei sich selber anzufangen. Wer ist man wirklich? Wie sieht die eigene Persönlichkeit aus? Was will man, was will man nicht?

Man benötigt **den Mut, seinen Ängsten und Blockaden entgegenzutreten**. Denn gerade beim Thema Zielgruppe kommen viele Ängste und Blockaden ans Licht. Es geht jetzt schließlich darum, darüber nachzudenken, welche Menschen das Angebot später nutzen werden.

Dabei kommen alle gesammelten Glaubenssätze ans Tageslicht:

- »Kann ich das wirklich?«
- »Bin ich gut genug?«
- »Interessiert das überhaupt jemanden?«
- »Wie soll ich die Leute, die das interessiert, bloß finden?«
- ...

Wenn wir über unser Thema/Angebot nachdenken, fühlen wir uns sicher. Denn das ist etwas, mit dem wir uns auskennen. Hier befinden wir uns auf sicherem Terrain. Das löst fast schon eine Art Glücksgefühl aus, und wir stellen uns vor, wie wir damit erfolgreich werden.

Denken wir hingegen an die Zielgruppe, fühlen wir uns unsicher. Denn damit kennen wir uns gar nicht aus. Wir wissen weder genau, wo wir sie finden und wie wir sie ansprechen sollen, noch ob sie unser Thema wirklich interessant finden. Das macht Angst! Und um dieser Angst zu entgehen … kümmern wir uns lieber noch ein wenig um unser Angebot oder um die Farben unserer Website.

Also braucht es wirklich MUT, um sich den eigenen Ängsten und Blockaden zu stellen und sich selbst immer wieder zu sagen: »Ja, ich bin mir noch nicht sicher mit diesem Thema, aber es kann mir nichts passieren. Ich lerne jetzt meine Zielgruppe richtig kennen, und dann finde ich auch die Sicherheit, die mich erfolgreich machen wird!«

Man braucht **den Mut, Entscheidungen zu treffen.** Das Thema Zielgruppe macht vielen auch Angst, weil es im Grunde darum geht, eine Entscheidung nach der nächsten zu treffen und sich festzulegen.

Im normalen Leben treffen wir Entscheidungen mal schneller, mal weniger schnell. Kommt ganz darauf an, ob wir uns damit in unserer Komfortzone befinden oder nicht. Jetzt sollen wir auf einmal ganz viele Entscheidungen treffen: uns auf eine Gruppe Menschen festlegen – und somit andere ausschließen? Und das Schlimme dabei ist: Bei keiner dieser Entscheidungen können wir uns sicher sein, dass es die richtige ist. Denn das können wir zu diesem Zeitpunkt noch gar nicht wissen.

Zielgruppendefinition in der eigenen Positionierung ist »Trial and Error« – man muss sich und die eigene Zielgruppe ausprobieren. Nur durch ständiges Ausprobieren wirst du Sicherheit finden. Nur so kannst du die Zielgruppe finden, die wirklich zu dir und deinem Angebot passt.

Man muss **den Mut** aufbringen, **Konsequenzen zu ziehen**. Wenn man gerade dabei ist, seine Zielgruppe zu definieren, legt man sich auf eine Gruppe von Menschen fest. Man denkt, die richtige Entscheidung getroffen zu haben. Dann hat man den ersten persönlichen Kontakt mit dieser Gruppe Menschen und stellt fest: »Also irgendwie ist es das doch nicht!« Entweder sind es nicht die Leute, die man sich vorgestellt hat, oder man merkt im persönlichen Umgang: Es wird zu anstrengend.

Ganz egal, was auch immer der Grund ist – wenn du dich mit deiner ersten Definition nicht wohlfühlst, musst du den Mut aufbringen, zu sagen: »Okay, das war es noch nicht! Noch mal von vorn!« Du musst die Konsequenzen ziehen und dir eingestehen, dass der erste Versuch noch nicht gepasst hat. Und das ist gar nicht schlimm. Denn ganz genau dafür ist diese Zeit jetzt da.

»Prüfe, bevor du dich bindest!« Kommt dir das bekannt vor? Wenn wir uns auf Liebesbeziehungen mit anderen Menschen einlassen, nehmen wir ja auch nicht den oder die Nächstbeste(n). Und genauso ist es auch mit der eigenen Zielgruppe. Manchmal ist die erste (und zweite, und dritte) Idee einfach nicht die richtige. Und das ist gar nicht dramatisch. Ganz im Gegenteil, mit jedem »Fehlschlag« werden wir sicherer im Umgang mit der Zielgruppe.

Das Wichtigste ist einfach nur, sich einzugestehen, dass es diese Gruppe eben noch nicht war. Und dass man dann mit einer neuen Definition beginnt. Denn der Gedanke *»Jetzt habe ich hier schon so viel Arbeit reingesteckt, jetzt muss das auch funktionieren!«* bringt später nur sehr viel Frust und definitiv keinen Erfolg.

Glaube

Nach dem Mut ist Glaube ungemein wichtig. Denn hier geht es vor allem darum, an DICH und deine Fähigkeiten zu glauben, daran, dass du schon den richtigen Weg finden wirst.

Wenn man nicht an sich glaubt, dann wird man es niemals schaffen, Entscheidungen zu treffen. Dann wird man immer ängstlich vor dem sein, was passieren KÖNNTE. Und wenn wir bei der Definition deiner Zielgruppe bleiben, kann ich dir jetzt schon versprechen: Bleibst du ängstlich und kannst keine Entscheidungen treffen, wirst du nicht weit genug kommen, um erfolgreich zu werden.

Wer nicht an seine Fähigkeiten glaubt, wird niemals selbstsicher auftreten können. Und wer selbstständig arbeitet, MUSS selbstsicher auftreten. Man muss sich zeigen, mit Kunden sprechen und das eigene Angebot verkaufen. Wer also nicht an seine Fähigkeiten glaubt, wird mit seiner Selbstständigkeit scheitern.

Je länger du an und in deinem Business arbeitest, umso sicherer wirst du werden – das verspreche ich dir. Doch die Bereitschaft, an dich selbst zu glauben, die muss schon gegeben sein. Wenn du also jetzt da große Zweifel hegst, solltest du vielleicht noch ein Coaching einplanen, das dir dabei hilft, deine alten Glaubenssätze loszuwerden, denn die sorgen dafür, dass diese Zweifel dich blockieren.

Wer nicht an sein Angebot glaubt, kann gleich einpacken. Der braucht gar nicht erst loszulaufen. Das ist vergeudete Zeit. Du musst zu 100 Prozent an dich, deine Fähigkeiten und dein Angebot glauben. Egal, was kommt – ob du nun die »richtigen« oder die »falschen« Entscheidungen triffst – lerne daraus und schaffe dir so die Sicherheit, die du brauchst.

Geduld

Als die Geduld verteilt wurde, hat es mir sicherlich zu lang gedauert. Ich kann von mir behaupten, Geduld ist nicht unbedingt eine meiner Stärken – gewesen. Ich wollte immer alles SOFORT und JETZT, Warten war die absolute Höchststrafe für mich. Doch Geduld ist ein wichtiger Pfeiler, wenn es um Zielgruppendefinition geht. Denn wenn man diesen Weg durchläuft, wird es immer wieder Momente geben, an denen man einfach mal abwarten muss.

Das ist beispielsweise der Fall, wenn es um eine Umfrage geht. Ich sage all meinen Coachees immer wieder: »Wenn du die Umfrage draußen hast, dann wirst du sie eine Woche lang nicht anfassen! Keine Änderungen – nichts!« Und das ist für sehr viele eine echte Tortur. Denn manchmal bekommt man kaum Antworten und denkt dann: »Verdammt ich hab's gewusst. Ich muss das Anschreiben ändern. Oder die

Fragen …!« Doch damit würde man die Umfrage – mit der man sehr wahrscheinlich sehr viel Zeit verbracht hat, um die richtigen Fragen zu formulieren – in Minuten »verschlimmbessern«.

Ungeduld macht Angst – schon wieder –, und diese Angst sorgt dafür, dass man einfach planlos versucht, etwas anders zu machen. An etwas zu glauben – hier an die ausgearbeitete Fragestellung der Umfrage –, braucht auch die Geduld, einfach mal abzuwarten. Man darf nicht immer DIREKT alles verändern oder SOFORT als gescheitert ansehen. Solange man nicht persönlich mit der Zielgruppe gesprochen hat, wird diese Angst einen nicht loslassen.

- »Brauchen sie das wirklich?«
- »Wollen sie das wirklich?«
- »Habe ich das richtig gemacht?«

All das lässt dich erst los, wenn du persönlich ins Gespräch gehst. Erst wenn du deiner Zielgruppe zum ersten Mal in die Augen siehst und feststellst, dass sie Interesse haben an dem, was du tust, dann fühlst du dich sicher.

Bis dahin, brauchst du:

- den **MUT**, um loszulaufen.
- den **GLAUBEN** an dich, deine Fähigkeiten, und dein Angebot.
- die **GEDULD**, auch mal etwas auszusitzen.

Und damit hast du schon eine wirklich gute Grundlage, um mit der richtigen Zielgruppendefinition in eine erfolgreiche Selbstständigkeit zu starten.

Fokus

Und zu guter Letzt kommen wir zu dem, was all das zusammenhält: **dein Fokus**! Warum werden neun von zehn Menschen, die im Onlinebusiness starten, nicht erfolgreich? Weil sie irgendwo auf ihrem Weg den Fokus verloren haben. Aber was bedeutet Fokus überhaupt?

Hierbei geht es darum, ein Ziel im Auge zu behalten. Das bedeutet aber nicht, einfach – komme, was wolle – auf dieses Ziel hinzuarbeiten, sondern Schritt für Schritt in diese Richtung zu gehen. Wenn man ein großes Ziel vor Augen hat und NICHT Schritt für Schritt darauf hinarbeitet, wird man auf seinem Weg einige Schritte überspringen. Und das kann bedeuten, dass man irgendwann feststellt, dass etwas fehlt, und man wieder zurück muss. Sehr wahrscheinlich wirst du dann an einem bestimmten Punkt merken: »Verdammt, irgendwo bin ich falsch abgebogen.«

Wenn du aber fokussiert von jetzt bis zum nächsten Schritt blickst, und dich nicht ablenken lässt, dann wirst du …

- keinen Schritt auslassen und sicher zu deinem Ziel kommen.
- keine großen Ängste bekommen, denn der nächste Schritt ist »überschaubar«.
- dich nicht überfordert fühlen, denn bis zum nächsten Schritt ist es nicht allzu schwer.

Natürlich solltest du dir grob ein Ziel setzen, das du erreichen willst, aber sei flexibel genug, das vielleicht auf deinem Weg auch ein bisschen anzupassen. Denn wir verändern uns, wenn wir Neues dazulernen. Und so kann es sein, dass, wenn du deine erste Zielgruppe definiert hast, du feststellst, dass du weder die Zielgruppe noch das Thema weiterverfolgen möchtest. Vielleicht fühlst du dich damit nicht gut, wohl, sicher oder Ähnliches. Dann wird sich zwar dein Hauptziel verändern, ABER da du dich jetzt ausschließlich um den nächsten Schritt kümmerst, macht es dir nicht allzu große Angst. Und es löst auch nicht direkt den großen Frust, »versagt zu haben«, aus.

Wir sehen also: **Mut, Glaube, Geduld** und **Fokus** helfen uns dabei, Schritt für Schritt unseren Weg zu finden. Aber vor allem helfen sie uns dabei, nicht der Angst zu verfallen und dann wie schockgefrostet stehen zu bleiben.

Geh immer einen Schritt nach dem anderen mutig voran und glaube daran, dass du schon das Richtige tun wirst. Warte auch mal etwas geduldig ab. Das bringt dich sicher zu der Definition, die zu 100 Prozent zu dir passt und mit der du die perfekte Kundenansprache für deine Zielgruppe finden wirst.

UND JETZT BIST DU DRAN:

Wie steht es zurzeit bei dir mit deinem MUT, deinem GLAUBEN, deiner GEDULD und deinem FOKUS? Womit hast du gerade noch zu kämpfen und was funktioniert schon ganz gut?

Bedenken und Vorurteile

Schauen wir einmal, was viele Menschen davon abhält, sich mit dem Thema Zielgruppe konsequent und ausführlich auseinanderzusetzen. Anbei ein paar Aussagen, die mir bei meiner Arbeit als Zielgruppencoach immer wieder begegnet sind:

1. Spitze Positionierung – nicht für mich!
2. Ich kann/will mich nicht festlegen!
3. Ich habe doch so viel zu geben/so viele Interessen!
4. Ich will niemanden ausgrenzen!
5. Ich bin eine Scanner-Persönlichkeit!
6. Ich bin ein*e Perfektionist*in!

Das sind bei Weitem noch nicht alle Bedenken und Vorurteile, die es in Bezug auf die eigene Zielgruppe gibt, ABER es sind »The Big Five« – die am meisten genutzten »Ausreden«.

Spitze Positionierung – nicht für mich!

Wer beim Thema Positionierung angekommen ist, wird die Worte »spitze Positionierung« mit Sicherheit kennen. Für all diejenigen, die damit noch nicht in Berührung gekommen sind, hier eine kurze Erklärung: Grundsätzlich geht es bei unserer Positionierung um die Abgrenzung zu den Mitbewerbern durch ein konkretes Angebot und eine ausgearbeitete Zielgruppe. Sprechen wir über eine spitze Positionierung, dann heißt das, dass wir uns mit EINEM klar formulierten Angebot an EINE kleine, fest definierte Zielgruppe wenden.

Generell heißt es: Je spitzer man sich positioniert, umso besser wird man später sein Angebot verkaufen können. Und natürlich stimmt das auch, ABER der Gedanke, sich dafür jetzt extrem eingrenzen zu müssen, macht natürlich Angst. Viele sehen sich in eine Ecke, eine Nische gedrängt, nur um eine spitze Positionierung zu haben, und fühlen sich damit überhaupt nicht wohl. Aus diesem Grund gehen sie der Angst aus dem Weg und sagen: »Für mich/mein Business brauche ich keine spitze Positionierung!«

Schon allein das Wort »spitz« sagt aus, dass hier sehr viele Entscheidungen anstehen. Und das stimmt so auch, ABER … diese Entscheidungen trifft man ja nicht für den Rest seines Lebens. Sie sollen helfen, die ersten Schritte in der Selbstständigkeit zu gehen und überhaupt erst mal einen Fuß in die Tür zu bekommen.

Zielgruppe ist nichts Statisches. Es geht nicht darum, EINMAL eine Zielgruppe zu definieren und diese dann nie wieder zu verändern oder auszubauen. Ganz im Gegenteil: Gerade bei diesem Thema geht es darum, zu wachsen, sich UND die eigene Zielgruppe weiterzuentwickeln. Man wächst MIT seiner Zielgruppe.

Das bedeutet: Mach dir am Anfang nicht zu viel Stress. Ich kann dir versichern: Niemand bleibt beim ersten Versuch. Sieh diese Zeit als Lernphase an, probiere dich und deine Zielgruppe aus. Denn nur so kannst du nachher auch sicher sein, dass es die (für diesen Moment) richtige Wahl war. **Das ist dein Business, DU entscheidest, um was es geht.** Und wenn du mal keine Lust mehr auf das Thema oder die Zielgruppe hast, dann machst du eben etwas anderes.

Die spitze Positionierung ist nur ein Werkzeug, das dabei helfen soll, die ersten Schritte zu tun, damit man sein Thema und seine Zielgruppe genau kennt, um sich dann im nächsten Schritt ganz entspannt mit dem ganzen Onlinebusiness-Kram auseinanderzusetzen, den man nebenbei auch noch können muss.

Ich kann/will mich nicht festlegen

Schon wieder Entscheidungen … und Angst, ABER nicht nur. Hier geht es auch um Gedanken wie:

- »Wenn ich mich festlege, dann ist die Gruppe so klein, wie soll ich sie dann erreichen?«
- »Wenn ich mich festlege, dann habe ich weniger Kunden und somit auch weniger Umsatz – ich verliere Kunden und Umsatz!«
- »Wenn ich mich festlege, wie soll ich wissen, ob ich in einem Jahr immer noch mit dieser Gruppe Menschen arbeiten möchte?«

Viele sagen hier tatsächlich: »Ich kann mich nicht festlegen!« Doch was sie eigentlich meinen, ist: »Ich will mich nicht festlegen!« Festlegen bedeutet Entscheidungen treffen. Und das wollen wir nicht, also bleiben wir sehr breit aufgestellt und sagen zum Beispiel verallgemeinernd: »Menschen, die …!« Oder: »Frauen, die …!« Oder: »Mütter, die …!« Das gibt uns das Gefühl von Sicherheit.

Wir sprechen viele Menschen an – streuen unser Angebot regelrecht in die Menge – und hoffen, dass die Chance, jemanden zu treffen, der zu uns passt, somit um einiges größer ist. Doch leider ist dies ein Trugschluss. Denn wie heißt es so schön: »Sprichst du alle an, sprichst du keinen an!« Und das stimmt so leider auch.

In den folgenden Kapiteln spreche ich noch ausführlich über dieses Thema, daher gehen wir jetzt hier weiter zum nächsten.

Ich habe doch so viel zu geben/ so viele Interessen

Diese Aussage ist auch ein Klassiker und ganz besonders häufig bei den sogenannten Scanner-Persönlichkeiten zu finden (dazu gleich mehr).

Ich persönlich habe auch ganz viele Interessen, ich kann verdammt viel und das auch noch richtig gut.

- Ich kenne mich mit Zielgruppendefinition aus.
- Ich weiß, wie man gute Landingpages aufbaut.
- Ich kann einen gesamten Podcast aufsetzen, inklusive des ganzen Technik-Know-hows.
- Ich kenne mich mit E-Mail-Marketing aus.
- Ich kann gut schreiben.
- Ich kann Pasta-Kurse geben.
- Ich kann Hunde trainieren.
- Ich kann ein ganzes Haus allein renovieren.
- Ich spreche fünf verschiedene Sprachen.
- … und vieles mehr.

Ja, all das kann ich … und vieles davon wirklich gut. Aber wenn ich jetzt viele unterschiedliche Themen habe, die ich alle anbieten möchte, schaffe ich es nicht, eine klare, direkte und persönliche Kundenansprache zu finden. Und ohne Kundenansprache – wie ganz am Anfang des Buches bereits erklärt – bekomme ich keine Aufmerksamkeit. Und ohne Aufmerksamkeit gibt es keine Kunden, was bedeutet: kein Verkauf. Denn wenn ich eine große Zielgruppe und/oder viele verschiedene Themen habe, wen genau spreche ich dann jetzt womit an?

Ein Beispiel: »Bei mir lernst du Zielgruppendefinition, und ich zeige dir, wie du deinen Podcast aufsetzen kannst, inklusive des ganzen Technik-Know-hows.«

Das sind zwei völlig unterschiedliche Zielgruppen, zwei völlig unterschiedliche Themen. Die einen wollen lernen, wie sie ihre Zielgruppe definieren für ihr Business, die anderen wollen lernen, wie sie einen Podcast aufsetzen können. Wenn ich jetzt auf meinem Social-Media-Account für beide Themen Content erstelle, wird sich niemand angesprochen fühlen.

Beides kann ich sehr gut – in beidem bin ich Expertin –, also biete ich doch beides an?

NEIN!

Es ist wichtig, sich zu merken:

Ein Thema – eine Zielgruppe – ein Social-Media-Account.

Wenn du verschiedene Zielgruppen haben oder verschiedene Themen behandeln möchtest oder aber dein Produkt/deine Dienstleistung in verschiedenen Sprachen anbieten willst, dann kannst du das gern machen. ABER bitte auf verschiedenen Kanälen. Doch ich kann dir jetzt schon versprechen: Wenn du gerade erst damit startest, deine Kunden online zu gewinnen, bist du mit einem Kanal, einem Thema und einer Zielgruppe schon mehr als ausgelastet.

Ich will niemanden ausgrenzen

Diese Einstellung gehört eigentlich mit in die Kategorie »Ich will/kann mich nicht festlegen«, aber ich will hierzu speziell noch ein paar Worte sagen.

Das Gefühl, Menschen auszugrenzen, nur weil man sich jetzt auf eine bestimmte Gruppe festgelegt hat, ist ganz natürlich. Denn ja, auf den ersten Blick grenzt man Menschen aus. Doch nur auf den ersten Blick, denn eigentlich geht es darum, die Kundenansprache für eine Gruppe von Menschen so zu formulieren, dass sie sich direkt und persönlich angesprochen fühlen.

Später – im laufenden Business – sind alle herzlich willkommen, die sich davon angesprochen fühlen. Und das müssen nicht nur ausschließlich die Menschen sein, für die eine Definition erstellt wurde, um die Kundenansprache passend zu formulieren..

Ein kleines Beispiel: Deine Zielgruppendefinition sind Frauen im Network Marketing, die sich über Social Media ein Team aufbauen wollen. Für die erstellst du jetzt eine klare und direkte Kundenansprache. Jetzt fühlen sich davon aber auch Männer angezogen. Na, ist doch super! Es geht einzig darum, eine Sprache zu formulieren, von der sich eine – von dir auserwählte – Gruppe direkt und persönlich angesprochen fühlt. Das machst du, um deren Aufmerksamkeit und Interesse zu wecken. Du möchtest ein »Das-will-ich-haben-Gefühl« erschaffen. Und das erreichst du nur auf diesem Weg.

UND vergiss nicht: Du wächst MIT deiner Zielgruppe. Das bedeutet: Wenn du dich mit Social Media und allen Onlinethemen sicherer fühlst, kannst du deine Zielgruppe auch erweitern. Das wird dann für dich kein Problem mehr sein. Aber jetzt geht es im ersten Schritt darum, den Fuß in die Tür zu bekommen.

Ich bin eine Scanner-Persönlichkeit/ ein*e Perfektionist*in

Erst einmal: Was ist eine Scanner-Persönlichkeit? Das sind meist hochbegabte Menschen, die sich in vielen Bereichen wohlfühlen. Sie sprühen nur so vor Ideen und interessieren sich für eine ganze Bandbreite an Themen, die anderen suspekt erscheint.

Das typische Verhalten einer Scanner-Persönlichkeit sieht so aus: Es wurde eine Sache neu begonnen, ein bis zwei Jahre ausprobiert und dann verstanden. Doch jetzt macht sich das Gefühl breit: »Es reicht! Ich brauche neue Herausforderungen.« Das kann eine völlig andere Sache sein oder eine Fort- oder Weiterbildung des gleichen Themas. Denn bei Scannern gilt: »Alles ist gut, solange es nicht eintönig wird!« Und das betrifft nicht nur Hobbys, sondern auch den Job und oft auch das Privatleben.

Wenn solche Scanner-Persönlichkeiten dann auf das Thema Zielgruppendefinition treffen, läuten bei ihnen schnell alle Alarmglocken. Festlegen? Entscheiden? Niemals! Denn dann fühlen sie sich nicht mehr frei. Und das geht gar nicht!

Doch, das geht! Und ich weiß das so genau, weil ich selbst eine Scanner-Persönlichkeit bin. Ich liebe es, etwas Neues zu lernen und anzufangen. Ich liebe es, richtig gut darin zu werden. Und wenn es dann läuft – es zum Alltag wird –, verliert es ziemlich schnell den Reiz für mich. Ich habe insgesamt drei Unternehmen aufgebaut, die wurden alle sehr erfolgreich. Doch dann … wurde es mir langweilig, und ich habe sie verkauft oder einfach geschlossen. Und warum? Um etwas Neues zu beginnen! Das wurde auch wieder erfolgreich … bis es mir zu langweilig wurde … und so weiter. Doch damit diese Projekte überhaupt erfolgreich werden konnten, musste ich mich, zumindest für eine bestimmte Zeit, auf EIN Thema fokussieren. Und ich bin mir sicher, das kannst du auch!

Sei dir bewusst: Diese Entscheidungen, die du triffst – sei es für deine Zielgruppe, oder dein Thema –, kannst du jederzeit ändern. Du kannst zu jeder Zeit etwas Neues beginnen. Nur um überhaupt anfangen zu können, musst du EINEN Weg gehen, musst du eine Entscheidung treffen. Viele laufen gar nicht los und starten nicht in ihre Selbstständigkeit, weil sie sich selbst blockieren. Sie wissen nicht, womit oder wie sie starten sollen. Und so verfallen sie in die ewige Planungsphase.

Steh dir nicht selbst im Weg! Du weißt, wie gut du bist, fokussiere dich auf EINEN Weg, und sei darin Expert*in. Und wenn du keine Lust mehr dazu hast … dann such dir eben etwas Neues! Es ist deine Entscheidung, dein Business, ganz egal, was andere Menschen dazu sagen, oder darüber denken.

Dann wären da noch die Perfektionisten. Und auch hiermit kenne ich mich (leider) sehr gut aus. Ich bezeichne mich immer gern als Perfektionistin 2.0. Denn ich will immer noch besser sein als ich selbst.

Meist geht es nicht darum, ob es perfekt genug für andere ist. Sondern es geht darum, ob es perfekt genug für einen selber ist. Und das wird es niemals sein. Also mach dich frei von diesen Gedanken und laufe einfach los! Probiere dich aus, verbessere dich, aber setz dich nicht unter Druck mit etwas, von dem du weißt, dass es sowieso niemals passieren wird.

Allerdings gibt es zwei Sorten von Perfektionismus. Der eine bringt dich weiter, der andere blockiert dich. Mein Perfektionismus bringt mich immer wieder auf ein neues Level. Ich mache, mache, mache … manchmal auch viel zu viel.

Doch dann gibt es Perfektionisten, die fangen gar nicht erst an. Sie haben so viel Angst, es nicht perfekt zu machen, dass sie es gleich sein lassen.

UND JETZT BIST DU DRAN:

1. Welche dieser Vorurteile und Bedenken kennst du von dir? Und wie haben sie dich bisher davon abgehalten, in deinem Business weiterzukommen oder einfach loszulaufen?
2. Bist du eine Scanner-Persönlichkeit? Wenn ja, wie hat sich das in deiner Vergangenheit gezeigt?
3. Bist du Perfektionist*in? Und wenn ja, gehörst du zu den Macher*innen oder doch lieber zu der Sein-lassen-Fraktion?
4. Und was hat dir das alles bisher im Leben/Business gebracht beziehungsweise was hat es dich bereits gekostet?

Buyer Persona, Avatar und Co.

Wenn wir über die Zielgruppe sprechen wollen, kommen wir an dem Thema Persona, Avatar und Co. einfach nicht vorbei. Alle, die sich selbstständig machen möchten, werden früher oder später damit konfrontiert. Aber was genau verbirgt sich hinter diesen Begrifflichkeiten?

Personas, Avatare und Co. sollen typische Vertreter unserer Zielgruppe repräsentieren. Sie bieten vielfältige Informationen zu deren Lebenswelt. Das wiederum soll es uns leichter machen, sie als Menschen zu verstehen, um uns mit ihnen identifizieren zu können. Als fiktive Persönlichkeiten repräsentieren Personas die Ziele und Bedürfnisse unserer Zielgruppe und machen es möglich, von Beginn an klare Entscheidungen bei der Entwicklung unserer Angebote zu treffen.

So weit, so gut! Das Ganze kann aber leider aus drei guten Gründen nicht funktionieren:

1. Eine Buyer Persona ist eine fiktive Persönlichkeit. Sie besteht ausschließlich aus unseren Annahmen und Wahrnehmungen. Sie repräsentiert unsere Kund*innen, so wie wir sie uns vorstellen und wünschen.
2. Diese Modelle setzen viel zu früh in der Positionierung an.
3. Und sie hören auch viel zu früh wieder auf.

Was genau meine ich damit?

Am besten kann ich es anhand eines Beispiels erklären: Eine ehemalige Teilnehmerin aus meinem Workshop (eine virtuelle Assistentin) hat mir ihre Buyer Persona freundlicherweise dafür zur Verfügung gestellt.

Als Erstes hat sie eine dieser typischen Vorlagen ausgefüllt, um daraus ihre »Wunschkundin« zu entwickeln. Und Folgendes ist dabei herausgekommen:

*»Lizzy ist 36, verheiratet und Mama von drei kleinen Kindern. Sie ist zuverlässig und empathisch. Sie liest gern und verbringt viel Zeit in der Natur. Nachhaltigkeit und Umweltschutz liegen ihr am Herzen. Sie ist selbstständig als Coach/Hochzeitsplanerin/Fotografin/... und liebt es, ihren Kund*innen mit ihrer Tätigkeit zu helfen. Was Lizzy fehlt, ist Zeit. Sie will es allen recht machen, vergisst sich dabei aber gern selbst. Und alles unter einen Hut zu bekommen, fällt Lizzy zunehmend schwer. Ihr fehlt dringend Zeit für sich.*
Lizzy träumt von einem entspannten Alltag, in dem sie genug Zeit für ihr Business, für sich, ihre Kinder und ihren Partner hat. Sie wünscht sich einen Alltag, in dem sie ihre Selbstständigkeit wieder genießen kann.«

Schauen wir uns einmal an, was wir von Lizzy wissen:

- Sie ist 36 Jahre alt, verheiratet und Mutter von drei kleinen Kindern.
- Sie arbeitet als Coach/Hochzeitsplanerin/Fotografin ...
- Sie ist emphatisch und zuverlässig.
- Nachhaltigkeit und Umweltschutz sind ihr wichtig.
- Sie hat Probleme, Familie, Beruf und Freunde unter einen Hut zu bringen.
- Sie wünscht sich mehr Zeit für sich.
- Und dafür braucht sie eine virtuelle Assistentin.

Was meinst du: Reicht das aus?

Nein, das reicht bei Weitem nicht aus, um in Zukunft die Kund*innen zu gewinnen, die wir uns wünschen. Was wir von Lizzy nämlich nicht wissen, ist:

- Für welchen Bereich sucht Lizzy eine virtuelle Assistentin?
- Hat Lizzy bereits Erfahrung damit, sich Unterstützung für ihr Business zu holen?
- Was ist ihr an einer virtuellen Assistentin wichtig?

- Welches Ziel verfolgt Lizzy?
- Wie trifft sie ihre Entscheidungen?
- … und vieles mehr.

Eine Buyer Persona besteht einzig aus unseren Annahmen und unserer Wahrnehmung des Problems. Und diese helfen uns einfach nicht dabei, später eine Kundenansprache zu formulieren, die sich direkt und persönlich an unsere Zielgruppe wendet.

Im Prinzip wird sich später nur eine Person davon angesprochen fühlen: nämlich wir selbst. Aber sonst leider niemand, denn wir haben die Ansprache ausschließlich passend zu unseren eigenen Bedürfnissen formuliert.

Diese fiktiven Modelle hinterlassen bei uns zwei Fragen:

1. WIE finde ich meine Zielgruppe?
2. WO finde ich meine Zielgruppe?

Was aber noch viel schlimmer ist: Diese Modelle suggerieren uns, dass wir bereits alles dafür getan haben, unsere Zielgruppe zu definieren.

Kommen wir zu den anderen beiden Gründen, warum diese fiktiven Modelle nicht hilfreich sind: Die Herangehensweise dieser Modelle kommt aus dem Marketing. Ursprünglich wurden sie dafür genutzt, bereits bestehende Kund*innen in eine Schablone einzutragen, um in Zukunft gezielt mehr dieser Menschen ansprechen zu können. Sie wurden also erst viel später in der Positionierungsarbeit eingesetzt. Doch irgendwann muss mal jemand auf die schlaue Idee gekommen sein: »Hey, das kann ich doch auch schon für meine Zielgruppendefinition nutzen!« Und seither verzweifeln sehr viele Menschen an dieser – nicht sehr hilfreichen – Herangehensweise, wenn sie mit ihrem Business starten.

In der folgenden Grafik möchte ich einen sinnvollen Weg darstellen, wie die eigene Positionierungsarbeit aussehen kann. Vorher muss ich aber noch erwähnen, dass jeder Business-Coach seine eigene Vorstellung hat, was sinnvoll ist und was nicht. Und das hier ist meine Vorstellung:

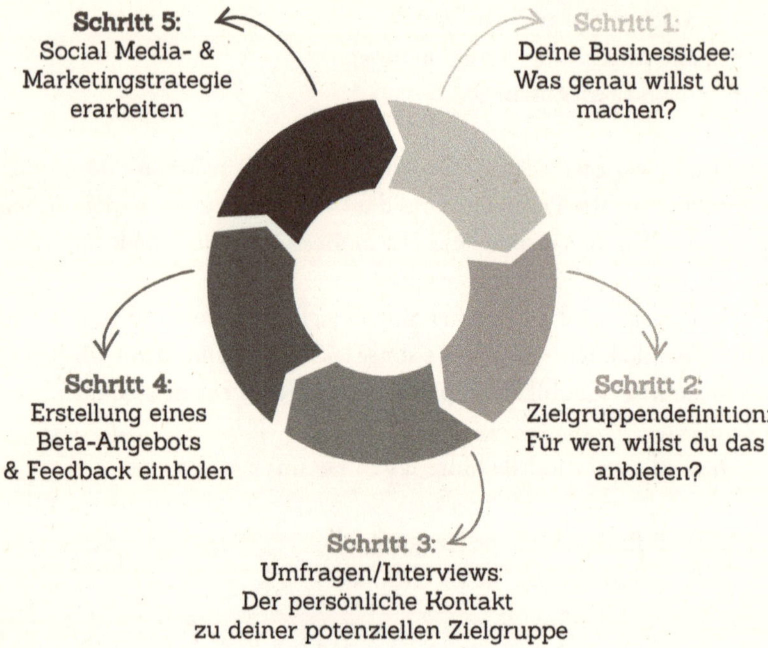

Dies ist nur eine grobe Übersicht.

- **Schritt 1:** Im ersten Schritt sollten wir uns klar werden, was wir überhaupt anbieten möchten. Das muss an diesem Punkt der Positionierung noch gar nicht so präzise sein. Wenn wir grob wissen, in welche Richtung es gehen soll, reicht das vorerst aus.
- **Schritt 2:** Hier kommen wir zur Zielgruppendefinition. Jetzt geht es daran, zu überlegen: »Mit wem will ich arbeiten und mit wem nicht? Welche Kund*innen passen zu mir und meiner Persönlichkeit und was bringt sie dazu, ihre Kaufentscheidung zu treffen?
- **Schritt 3:** Nachdem wir nun theoretisch (also fiktiv) alle Punkte zusammengetragen haben, gilt es, das Ganze mit der Realität abzugleichen. Daher wird es jetzt Zeit, den persönlichen Kontakt in Form von Umfragen und Interviews herzustellen.

Auf diesem Wege lernen wir unsere zukünftigen Kund*innen viel besser kennen. Wir erfahren, was ihr wahrgenommenes Problem ist, finden heraus, wo sie gerade stehen, und bekommen schon einen ersten Eindruck über ihr Wording. Diese Informationen sind für unsere spätere Kundenansprache ungemein wichtig.

- **Schritt 4:** Anhand der Ergebnisse der Umfragen und Interviews ist es jetzt möglich, ein erstes auf die Zielgruppe maßgeschneidertes Angebot auszuarbeiten. Denn wie bereits erwähnt, ist nicht immer das, was sie braucht, auch das, was sie haben will. Im Anschluss erstellen wir ein Beta-Angebot, führen es durch und holen uns daraufhin Feedback von unseren Teilnehmer*innen. Dieses Feedback hilft uns dabei, das Angebot für die Zukunft noch besser zu gestalten.
- **Schritt 5:** Wir wissen nun genau, wie unsere Zielgruppe denkt und was sie haben will. Wir haben bereits persönlich mit ihr gesprochen, wissen genau, wo wir sie erreichen, was sie dazu treibt, ihre Kaufentscheidungen zu treffen und so weiter.

An diesem Punkt können wir unsere Kundenansprache so formulieren, dass unsere Wunschkund*innen sich wie »magisch« angezogen fühlen. (Warum das alles nichts mit Magie zu tun hat, besprechen wir später noch.) Jetzt erst ist es an der Zeit, unsere Social-Media- und Marketingstrategie zu erarbeiten, also unsere Website und unseren Social-Media-Auftritt zu erstellen.

Eine Buyer Persona – wie es in der Marketingsprache so schön heißt – repräsentiert unsere Wunschkund*innen. Also die Personen, die zu 100 Prozent zu uns und unserem Angebot passen, für die wir all unsere Texte schreiben und nach denen wir unser Angebot ausrichten. Im Klartext – unsere perfekten Kund*innen.

Die meisten Business Coaches erklären aber, wie wir anhand dieses Tools (der Buyer Persona) unsere Zielgruppe definieren können … und das bereits in Schritt 2 der Positionierung, also ganz am Anfang.

Doch wirklich Sinn macht diese Herangehensweise erst in Schritt 5, nämlich genau dann, wenn wir bereits persönlich mit unserer Zielgruppe gesprochen und bereits ein paar Durchgänge des Beta-Angebotes durchgespielt haben.

Aus den bisherigen Teilnehmer*innen suchen wir uns drei bis vier Menschen heraus, die perfekt zu uns und unserem Angebot passen. Lebende Menschen, die wir kennen und mit denen wir zu jeder Zeit sprechen können. Aus der gemeinsamen Arbeit wissen wir, was ihnen wichtig ist, wie sie denken, was sie brauchen und so weiter. Wir kennen sie persönlich, können immer wieder Kontakt zu ihnen aufnehmen, und wir hängen nicht mehr nur an einer fiktiven Vorstellung fest.

Für diese Personen erstellen wir jeweils eine Persona, mit Namen und Bild. Wir notieren uns dazu alles, was für unsere künftige Kundenansprache wichtig ist, und können so immer wieder darauf zurückgreifen. Dafür ist dieses Tool perfekt, doch in Schritt 2 führt es leider nur zu Verwirrung und im schlimmsten Fall dazu, dass der Punkt der Zielgruppendefinition entweder aufgegeben oder völlig ignoriert wird.

Fassen wir noch mal zusammen:

Eine Persona kann hilfreich sein, wenn man seine Zielgruppe richtig gut und vor allem persönlich kennt und man bereits mit ihr gesprochen und gearbeitet hat.

Eine Persona ist aber überhaupt nicht hilfreich, wenn man noch nicht mit der eigenen Zielgruppe persönlich gesprochen hat und somit alles nur nach den eigenen Vorstellungen erstellt.

Diese Herangehensweise wiegt uns in Sicherheit. Wir sind uns höchstwahrscheinlich sehr sicher, was das Problem ist, schließlich haben wir uns lange genug damit auseinandergesetzt. Dabei vergessen wir aber, dass das, was unsere Zielgruppe unserer Meinung nach dringend braucht, bei Weitem nicht das ist, was sie wirklich haben will.

UND JETZT BIST DU DRAN:

Hast du schon Erfahrungen mit diesen Marketingtool – den Buyer Personas, Kundenavataren u. ä. – gemacht? Wenn ja, wie war deine Erfahrung? Was hat es dir gebracht? Oder hattest du intuitiv schon das Gefühl, dass das so nicht funktionieren kann?

Die Wege zum Erfolg

Im vorherigen Kapitel habe ich eine eher sachliche Erklärung geliefert, warum Buyer Personas nicht wirklich dabei helfen, die richtige Zielgruppe zu finden, um die passende Kundenansprache zu entwickeln.

In den nun folgenden Kapiteln gehen wir ins Eingemachte. Jetzt kommen wir zu dem »wirklich guten Zeug«.

Um am Ende des Tages regelmäßig zahlende Kund*innen zu gewinnen, müssen wir erst einmal einiges über unsere potenzielle Zielgruppe in Erfahrung bringen. Dies schaffen wir über zwei Wege:

1. **Die gute, alte Marktforschung**
   Wir haben persönlich mit unserer Zielgruppe gesprochen und dabei herausgefunden,
   - was für Menschen sich dahinter verbergen.
   - welche Probleme/Bedürfnisse sie haben.
   - was sie sich wirklich wünschen.
   - wie sie sprechen/denken.
   - wo wir sie finden können.
   - wie wir ihnen helfen können.

2. **Der neue Ansatz: die Zielgruppenpsychologie**
   Du weißt ganz genau,
   - in welchem Bewusstseinszustand sich unsere Zielgruppe befindet und wo genau wir unsere Zielgruppe abholen.
   - welchem Persönlichkeitstyp unsere Zielgruppe entspringt.
   - welche Werte unsere Zielgruppe ausmacht. (Und hier spreche ich nicht von ethischen oder moralischen Werten.)
   - wie sich unsere Zielgruppe entscheidet.
   - welcher Persönlichkeitstyp DU bist, damit dies alles maßgeschneidert zu dir passt. Das ist ganz wichtig!

Kombinierst du diese beiden Wege miteinander, hast du sozusagen »the magic key« – den magischen Schlüssel für deine Kundengewinnung.

Die meisten Selbstständigen wissen gerade mal, WER ihre Zielgruppe ist. Sie nutzen demografische Angaben wie Alter, Beruf, Problem, aber das auch alles nur fiktiv. (Sie haben nicht persönlich mit ihrer Zielgruppe gesprochen, sondern alles selbst festgelegt.) Einige wenige Selbstständige nehmen sich die Zeit für Marktforschung. Sie erstellen ein paar »fadenscheinige« Umfragen, die ihnen aber kaum weiterhelfen. Und so gut wie niemand kennt und nutzt die Zielgruppenpsychologie für die eigene Kundenansprache.

Aber um fair zu sein: Das Tool der Zielgruppenpsychologie kennt kaum jemand, es ist so gut wie gar nicht bekannt auf dem deutschen Markt. Die Kombination der Zielgruppenpsychologie mit der Marktforschung ist das Ergebnis meiner Arbeit.

Du kannst dich sicher noch erinnern, dass ich in der Einleitung darüber gesprochen habe, dass das Thema Zielgruppendefinition Ängste und Blockaden auslöst. Das kommt daher, dass wir den Faktor Mensch einfach nicht einschätzen können.

1. Wir wissen nicht, ob wir »die richtigen Menschen« für unser Angebot gefunden haben.
2. Wir wissen nicht, WO wir diese Menschen finden sollen.
3. Wir wissen nicht, ob diese Menschen unser Angebot auch wirklich HABEN wollen.
4. Wir wissen nicht, ob diese Menschen bereit sind, Geld für unser Angebot auszugeben.

All diese Fragen lösen eine Unsicherheit aus, denn es gibt so viele Faktoren, die schiefgehen könnten. Was wäre, wenn ich Folgendes sagen würde?

Mit meiner Methode wirst du die Sicherheit haben,

- dass du die »richtigen« Menschen für dein Angebot findest.
- dass du ganz genau weißt, wo du sie findest.

- dass diese Menschen dein Angebot auf jeden Fall lieben.
- dass diese Menschen definitiv bereit sind, Geld für dein Angebot auszugeben.

Hört sich traumhaft, aber unrealistisch an?

Tatsächlich ist es möglich, diese Faktoren weitgehend abzusichern. Natürlich kann ich dir kein 100-prozentiges Versprechen geben, aber wenn du meine Methode für dich richtig nutzt und einsetzt, wird es dir in kurzer Zeit einen enormen Push in deiner Kundengewinnung bringen.

In diesem Teil – der Theorie – sprechen wir ausführlich über die Zielgruppenpsychologie. Im zweiten Teil – der Praxis – kommen wir dann zur Marktforschung. Damit wir im dritten Teil – der Kundenansprache – zusammenbringen, was zusammengehört.

Dann mal los!

Zu Beginn muss ich dir jetzt etwas sagen, das dich vielleicht schockieren wird: Käufer interessieren sich weder für dich, noch für dein Warum!

Das Einzige, was wirklich ihr Interesse weckt, ist, wie dein Angebot ihnen dabei helfen kann, ihr Problem zu lösen oder ihr Bedürfnis zu erfüllen. Sie sind ausnahmslos auf sich selbst fokussiert.

Du glaubst mir nicht? Dann denk einmal nach: Warum hast du dir dieses Buch gekauft? Weil du mich als Person so toll findest? Oder doch eher deshalb, weil es dir dabei helfen wird, deine Zielgruppe richtig zu definieren, um am Ende regelmäßig zahlende Kund*innen zu gewinnen?!

Wir Menschen sind evolutionär so geprägt, dass wir uns immer selbst die Nächsten sind. Erst einmal schauen wir, dass es uns gut geht. Wir geben unsere volle Aufmerksamkeit darauf, unser Problem zu lösen/unser Bedürfnis zu erfüllen. Und genau das können wir uns mit der Zielgruppenpsychologie zunutze machen.

Wie gesagt, am Ende des Tages geht es darum, die Menschen zu finden, die unser Angebot nicht nur brauchen, sondern auch kaufen.

Wer bist du? (Persönlichkeit)

Geht es um die Definition der eigenen Zielgruppe, solltest du im ersten Schritt immer herausfinden,

- welcher Persönlichkeitstyp du bist.
- welche Bedürfnisse du hast.
- welche Stärken du mitbringst.

Und ganz genau das werden wir in diesem Kapitel herausfinden. Das Wissen kannst du dann im weiteren Verlauf dieses Buches anwenden, um für dich die »richtige« Wahl zu treffen. Daher möchte ich dich bitten, dir jetzt Papier und Stift zurechtzulegen, damit du dir ein paar Notizen für später machen kannst.

Mein Tipp an dich: Schreib dir deine Antworten auf. Wir Menschen tendieren nämlich dazu, bei neuen Informationen Vorheriges wieder zu vergessen. Und auf den nächsten Seiten kommt eine Menge neuer Informationen auf dich zu.

Eins noch: Ich möchte dich bitten, auf den folgenden Seiten so ehrlich wie möglich mit dir selbst zu sein. Es ist sonst niemand da, nur du und ich. Also keine Scheu! Wenn du dich dabei erwischen solltest, dass du darüber nachdenkst, ob deine Antwort die »richtige« Antwort ist, ob es »Bedarf« für deine Idee gibt oder was »die anderen« dazu sagen … leg das Buch kurz zur Seite, atme tief durch und lass deinen Bauch entscheiden.

Warum ist das so wichtig?

Du legst jetzt den Grundstein zu deiner Zielgruppendefinition – also zu den Menschen, mit denen du später zusammenarbeiten wirst. Deine Zielgruppendefinition sollte dir regelrecht auf den Leib geschneidert sein. Hier suchst du dir die Menschen aus, die perfekt zu dir und deiner Persönlichkeit passen. Und damit du verstehst, warum das so wichtig ist: Diese Menschen werden im Anschluss darüber entscheiden, wie dein Angebot im Detail aussehen wird. (Wie das genau abläuft, darüber spreche ich noch ausführlich im Praxisteil.)

Die unterschiedlichen Persönlichkeitstypen

Jetzt werden wir erst einmal herausfinden, welche vier Persönlichkeitstypen* es eigentlich gibt:

- **Die rote Persönlichkeit – leistungsorientiert und zielstrebig**
  Menschen mit diesem Persönlichkeitstyp wissen, was sie wollen. Sie entscheiden schnell und intuitiv, finden lieber eine Lösung, als dass sie lange über das Problem nachdenken. Für sie ist das ZIEL das Ziel, und komme, was wolle – auch wenn es mal wehtut –, sie werden dieses Ziel erreichen.
  Oft finden sich diese Persönlichkeitstypen in Führungspositionen wieder. Sie sind eher Einzelgänger als Teamplayer, stehen gern im Mittelpunkt und können sich sehr gut durchsetzen.
- **Die gelbe Persönlichkeit – unterhaltsam und experimentierfreudig**
  Leute dieses Typs probieren gern neue Dinge aus, sie sind eher experimentierfreudig, arbeiten gern im Team, können aber auch mal allein sein. Aber egal, was sie tun, der Spaß und die Unterhaltung stehen immer im Vordergrund.
  Gelbe Persönlichkeiten sind schon mal (sehr) kreativ, bei ihnen ist der WEG das Ziel. Ihnen sind Leichtigkeit, Freude und Glück besonders wichtig. Sie haben immer viele Ideen und verzetteln sich dabei auch schon mal gern.
- **Die grüne Persönlichkeit – harmonisch und entspannt**
  Jemand mit diesem Persönlichkeitstyp ist ein absoluter Team-

* DISG-Modell und die vier Persönlichkeitstypen, siehe https://online-vertriebsberatung.de/disg-modell; https://greator.com/disg/

player. Er braucht die Zugehörigkeit und liebt die Verbindung zu Mensch, Tier und der Natur.
Grüne Persönlichkeiten lieben den Austausch, versuchen, ihr Leben so harmonisch wie möglich zu gestalten, und sind häufig spirituell interessiert.

- **Die blaue Persönlichkeit – logisch und kontrolliert**
  Menschen, die sich unter diesem Typus einordnen lassen, sind zuverlässig, aber nicht sehr spontan. Sie mögen klare Strukturen, und für sie sind Regeln und eine klare Ordnung sehr wichtig.
  Sie achten auf eine ordentliche Rechtschreibung und brauchen Zertifikate und Zeugnisse, um auf etwas zu vertrauen. Sie sind sehr beständig und suchen gezielt nach Qualität.

Bei welcher dieser Persönlichkeitstypen hast du intuitiv gespürt: »Ja, das bin ich«? Oder gab es sogar mehrere?

Es kann schon sein, dass du dich in mehreren Persönlichkeitstypen wiedergefunden hast, denn im Prinzip tragen wir alle vier Typen in uns. In verschiedenen Situationen können wir auch schon mal den Typ wechseln. Das heißt aber jetzt nicht, dass wir immer alle vier zur selben Zeit darstellen.

Wir haben EINEN Persönlichkeitstypen, der uns ausmacht. Der gewissermaßen das Zepter führt. Das ist die Persönlichkeit, die unser Unterbewusstsein steuert.

Schreib dir jetzt ganz spontan auf – das heißt, ohne groß nachzudenken –, von welcher Persönlichkeit du glaubst: »Die macht mich aus!« Rot, Gelb, Grün oder Blau.

Wenn du das erledigt hast, ist hier auch schon die nächste Frage für dich: **Welche der folgenden Aussagen spricht dich am meisten an?**

1. Zielgruppenpsychologie ist so gut wie unbekannt. Ihr Einsatz in meiner Zielgruppendefinition kann mir große **Vorteile gegenüber meiner Konkurrenz** bringen.
2. Zielgruppenpsychologie sorgt dafür, dass **mir verkaufen leichter fällt.**

3. Wenn ich Zielgruppenpsychologie anwende, kann ich mir **sicher sein**, dass ich regelmäßig zahlende Kund*innen gewinne.
4. Zielgruppenpsychologie hilft mir dabei, **meine Kund*innen besser zu verstehen**. So kannst ich ihnen in Zukunft besser helfen.

Natürlich sind alle vier Motive sehr ansprechend, aber welches davon spricht dich sofort an? Bei welchem sagst du: »Genau DAS will ich!« Bitte wieder aufschreiben, und zwar die fett geschriebenen Worte der jeweiligen Aussage.

Grundbedürfnisse

Es gibt insgesamt vier Grundbedürfnisse, auf deren Basis wir Entscheidungen treffen und handeln. Genau wie bei den Persönlichkeitstypen tragen die meisten von uns alle vier Grundbedürfnisse in sich. Aber genauso gibt es auch hier wieder ein Bedürfnis, das den Ton angibt.

Schauen wir doch mal, wo du dich wiederfindest:

1. **Geltung – Erfolg, Leistung, Bestätigung, Status, Bedeutung**
   Bei diesem Bedürfnis steht an erster Stelle der Erfolg … etwas erreicht und geschafft zu haben. Man möchte gesehen werden und damit das Gefühl bekommen: »Ich bedeute etwas.«
   Triebfedern sind hier: *Erfolg/Status* und *Geld*.
   Für die einen ist es wichtig, erfolgreich zu sein, um einen bestimmten Status zu erreichen.
   Für die anderen ist es wichtig, viel Geld zu verdienen. Entweder um sich abgesichert zu fühlen oder das Leben zu führen, das sie sich wünschen.
2. **Stimulanz – Spaß, Abwechslung, Leichtigkeit, Glück**
   Der Spaß und die Abwechslung sind ganz wichtig. Etwas Neues erleben oder erforschen, das steht hier an erster Stelle. Es geht darum, etwas zu erleben und nichts zu verpassen.
   Triebfedern sind hier: *Freiheit* und *Selbstverwirklichung*.

Für die einen ist es wichtig, die Freiheit zu genießen, tun und lassen zu können, was sie wollen.
Für die andern ist es wichtig, sich selbst zu verwirklichen. Immer wieder Neues zu entdecken und mitten im Leben zu stehen.

3. **Gemeinschaft – Nähe, Harmonie, Geborgenheit**
   Hier steht das Bedürfnis im Vordergrund, sich mit anderen zu verbinden. Mit anderen Menschen, Tieren oder auch mit der Natur im Einklang zu sein.
   Triebfedern sind hier: *Gemeinschaft* und *Austausch*.
   Für die einen ist es wichtig, alles in einer Gemeinschaft zu erleben. Sie möchten ihre Freude und ihre Erlebnisse mit anderen teilen.
   Für die anderen ist es wichtig, im Austausch zu stehen, mit anderen zu sprechen und ihre Meinungen zu hören.
4. **Sicherheit – Beständigkeit, Logik, Zuverlässigkeit**
   Hier muss alles immer mit »den rechten Dingen« zugehen. Alles wird zwei-, dreimal geprüft, bevor sich das Gefühl einstellt: »Jetzt ist es richtig/sicher.«
   Triebfedern hier sind: *Kontrolle* und *Absicherung*.
   Für die einen ist es wichtig, alles unter Kontrolle zu halten – oder zumindest das Gefühl zu haben, dass es so ist.
   Bei den anderen ist es wichtig, dass auf jeden Fall eine Absicherung vorhanden ist.

Du hast bestimmt schon einige Parallelen zu den Persönlichkeitstypen bemerkt. Das hängt damit zusammen, dass unser Hauptbedürfnis und unser Persönlichkeitstyp aus derselben Ecke kommen – unserem Unterbewusstsein.

Hast du beim Lesen schon ein Bedürfnis entdeckt, bei dem deine Intuition direkt angesprungen ist? Wenn ja, super … dann schreib es direkt auf. Wenn nein, kein Problem. Es gibt noch einen anderen Weg, das Hauptbedürfnis herauszufinden.

Überlege dir einmal Folgendes: Wenn es um dein Business geht, in welchen Situationen ist es dir wirklich schwergefallen, eine Entscheidung zu treffen? Und was genau war der Punkt, der dich immer und immer wieder dazu gebracht hat, deine Entscheidungen infrage zu stellen?

Hier ein Beispiel von mir, damit du verstehst, was ich meine: Ganz zu Beginn meiner Spezialisierung auf die Zielgruppe habe ich immer wieder mit mir selbst gehadert. Ich war mir nie wirklich sicher, welche Zielgruppe ich ansprechen wollte.

Sollten es die Frauen sein, die zwar wissen, dass sie ein Problem haben, aber noch nicht, dass ihr Problem mit der fehlenden Zielgruppendefinition zu tun hat? Oder sollten es die Frauen sein, die schon ganz genau wissen, dass ihre Schwierigkeiten mit der fehlenden Zielgruppendefinition zusammenhängen?

Um diese Frage bin ich Monate herumgeschlichen. Ich habe zwar immer wieder Entscheidungen getroffen, aber wirklich glücklich war ich damit nie. Immer und immer wieder kam die gleiche Frage hoch: »Wen willst du jetzt ansprechen?« Darüber bin ich fast wahnsinnig geworden.

Jedes Mal, wenn ich mir diese Frage stellte, traf ich die gleiche Entscheidung: Frauen, die noch nicht wissen, dass ihr Problem die fehlende Zielgruppendefinition ist. Und so habe ich alle möglichen Themen aufgegriffen, um diese Frauen anzusprechen:

- Sichtbarkeit
- Profilaufbau bei Instagram
- Kundengewinnung
- Kundenansprache
- Community-Aufbau

Alles wichtige Themen, mit denen ich sie dort abholen konnte, wo sie sich befanden, um sie dann vorsichtig mit dem Thema Zielgruppe in Kontakt zu bringen. Aber ich habe mich damit nicht wohlgefühlt, UND es funktionierte auch nicht wirklich. Es kamen zwar regelmäßig Aufträge und Geld herein, aber so richtig gut lief es nicht.

Wieso habe ich mich also trotzdem immer wieder für diese Zielgruppe entschieden?

Es ging um meine Triebfeder: *Geld.*

Mir geht es beim Geld nicht darum, einen bestimmten Status zu erlangen oder damit zu protzen, sondern es macht mir höllische Angst, wenn nicht genug Geld auf meinem Konto ist. Diese Angst lähmt mich regelrecht. Sobald ich das Gefühl habe, auf meinem Konto ist nicht genug Geld, dreht sich mein gesamtes Denken – mein gesamtes Leben – nur noch darum, wo und wie ich am besten ausreichend Geld verdienen kann.

Ich würde sagen, ich bewege mich da regelmäßig am Rande der Existenzangst. Deshalb ist es für mich so wichtig, dieser Angst zu entgehen. Denn habe ich genügend Geld auf meinem Konto, fühle ich mich finanziell abgesichert, und dann kann ich beruhigter schlafen.

Und wie passt das jetzt zusammen?

Ich hatte zwei mögliche Zielgruppen: Zum einen die Frauen, die wissen, dass sie ein Problem haben, aber die Lösung (Zielgruppendefinition) noch nicht kennen. Diese Zielgruppe war für mich eine sichere Bank, da sie sehr groß ist. Und so bin ich davon ausgegangen, dass hier ausreichend Bedarf besteht – also auch ausreichend potenzielle Kundinnen für mich, die dann, am Ende des Tages, genügend Geld einbringen würden, um mir finanzielle Sicherheit zu geben.

Die andere Zielgruppe hingegen, nämlich die Frauen, die schon wissen, dass sie ein Problem mit ihrer Zielgruppe haben, empfand ich als ein Risiko. Ich war nämlich der Auffassung, das Wort »Zielgruppendefinition« würde auf viele Frauen abschreckend wirken. Und aus diesem Grund war ich mir nicht sicher, ob es überhaupt genügend Frauen in dieser Zielgruppe geben könnte, um damit genug Geld zu verdienen.

Und somit habe ich mich immer wieder – aufgrund meiner Triebfeder *Geld* und der Angst, die dahintersteckte – für die vermeintlich sichere Zielgruppe entschieden.

Das Problem an der Sache war: Die Frauen in der – für mich – sicheren Zielgruppe sind nicht die Persönlichkeitstypen, die zu mir und meiner Persönlichkeit passen. Die Frauen, die zu mir und meiner Persönlichkeit passen, befinden sich nämlich in der – für mich – unsicheren Zielgruppe.

Geht es darum, über Social Media Kund*innen zu gewinnen, ist es ungemein wichtig, authentisch zu bleiben. Also ganz wir selbst zu sein. Sind wir dann authentisch, arbeiten aber mit einer Zielgruppe zusammen, die nicht zu uns und unserer Persönlichkeit passt, fühlt diese Gruppe sich entweder von unserer nonverbalen Kundenansprache nicht angesprochen oder lehnt unsere Art ab.

Das eine sorgt dafür, dass wir keine Kund*innen gewinnen, und das andere dafür, dass wir das Gefühl bekommen, »nicht richtig« zu sein. Und beides führt dazu, dass wir uns nicht wohlfühlen und an uns selbst zweifeln.

Hast du jetzt eine Idee, nach welchem Bedürfnis – mit welcher Triebfeder – du Entscheidungen triffst? Hier sind die Bedürfnisse noch einmal im Überblick:

1. **Geltung** – Erfolg, Leistung, Bestätigung, Status, Bedeutung
   Triebfedern: *Erfolg/Status* und *Geld*
2. **Stimulanz** – Spaß, Abwechslung, Leichtigkeit, Glück
   Triebfedern: *Freiheit* und *Selbstverwirklichung*
3. **Gemeinschaft** – Nähe, Harmonie, Geborgenheit
   Triebfedern: *Gemeinschaft* und *Austausch*
4. **Sicherheit** – Beständigkeit, Logik, Zuverlässigkeit
   Triebfedern: *Kontrolle* und *Absicherung*

Notiere dir das Bedürfnis bitte zu deinem Persönlichkeitstyp und der Aussage, die dich am meisten anspricht.

Deine Stärken

Und zum Schluss dieses Kapitels möchte ich mit dir noch herausfinden, welche Stärken du mitbringst. Zur Auswahl stehen:

- **Fokus und Struktur**
  Es fällt dir leicht, den Fokus und die Struktur zu behalten. Du gehst Schritt für Schritt deinen Weg und schaffst dir so einen

Überblick. Du bist lösungsorientiert und hast keine Angst davor, Fehler zu machen oder auch mal zu scheitern. Denn du weißt: Es gibt immer einen Weg.

- **Führungspersönlichkeit**
  Es fällt dir leicht, eine Gruppe zu führen, und du fühlst dich wohl in deiner Führungsrolle. Du bist emphatisch und weißt, wie du mit Menschen umzugehen hast. Du kannst dich durchsetzen, weißt aber auch, wann es Zeit ist nachzugeben.
- **Kontinuität**
  Für dich ist Beständigkeit sehr wichtig. Du bist Meister*in in Planung und Organisation. Du hältst dich an Regeln und achtest sehr auf Ordnung. Bei dir muss alles logisch sein. Du bist definitiv ein Kopfmensch.
- **Harmonie**
  Du kannst wahnsinnig gut mit Menschen umgehen. Du liebst es, anderen zu helfen und sie zu unterstützen. Für dich steht die Harmonie im Vordergrund. Sobald du das Gefühl hast, etwas stört die Harmonie, gibst du alles daran, diese wieder herzustellen. Du bist ein Bauchmensch.

Ich denke mal, hier wird es dir nicht schwerfallen, die Stärke herauszufinden, die du sehr gut von dir kennst. Solltest du auf mehrere ansprechen, schreibe sie alle auf.

Solltest du dich jetzt fragen, was wir mit all deinen Aufzeichnungen machen … leg sie erst mal zur Seite.

Ich verspreche dir, im Laufe der nächsten Kapitel wirst du ganz von selbst darauf kommen, warum es jetzt so wichtig war, diese Punkte aufzuschreiben. Und falls nicht, werde ich dich dabei unterstützen.

HIER KANNST DU GERN NOCH MAL ALLES NOTIEREN:

Dein Persönlichkeitstyp:

____

____

Die Aussage, die dich am meisten angesprochen hat:

____

____

____

Das Bedürfnis, das dich zu deinen Entscheidungen führt:

____

____

____

Deine Stärke(n), die du mitbringst:

____

____

Wo holst du deine Zielgruppe ab? (Bewusstsein)

In diesem Kapitel kümmern wir uns darum herauszufinden, an welchem Punkt deine Zielgruppe steht, wenn sie zum ersten Mal mit deinem Angebot in Kontakt kommt. In der Businesssprache würden wir sagen: »An welchem Punkt holst du deine Zielgruppe ab?« Und das kannst du tatsächlich wörtlich nehmen.

Denn klar ist, dass deine Zielgruppe nicht direkt beim ersten Kontakt dein Angebot kaufen wird. Wie also schaffst du es, ihre Aufmerksamkeit zu bekommen und diese dann auch lange genug aufrechtzuerhalten, sodass sie am Ende dein Angebot auch kauft?

Es geht darum, schon im Vorfeld ganz genau zu wissen, wie die Reise deiner Zielgruppe aussehen soll. Im Businessjargon spricht man in dem Zusammenhang von der »Customer Journey« (Kundenreise). Und wie bei jeder gut geplanten Reise gibt es einen Treffpunkt (eine Haltestelle), an dem alle erst einmal zusammenkommen, um dann gemeinsam zu starten.

Das bedeutet: Im nächsten Schritt müssen wir herausfinden, an welcher Haltestelle wir unsere Zielgruppe abholen können. Und das machen wir, indem wir uns ihren Bewusstseinszustand einmal genauer anschauen. Bei der Zielgruppendefinition sind für uns zwei Bewusstseinszustände interessant:

- das Problembewusstsein
- das Lösungsbewusstsein

Und um bei meiner Metapher mit den Haltestellen zu bleiben: **Du musst dich hier schon für EINE Haltestelle entscheiden.** Denn die Menschen, die dort warten, könnten nicht unterschiedlicher sein. Aber – und das ist ganz wichtig – hier gibt es keine richtige oder falsche Entscheidung. Ob du dich jetzt für eine Zielgruppe im Problembewusstsein oder für eine im Lösungsbewusstsein entscheidest, liegt ganz bei dir.

Es zählt einzig, womit DU dich am wohlsten fühlst. Mit welchen Menschen möchtest DU dich auf die Reise begeben?

Beginnen wir mit dem …

Problembewusstsein

Wenn man sich eine Zielgruppe aussucht, die sich im Problembewusstsein befindet, hat man folgende Möglichkeiten:

1. **Die Zielgruppe weiß, dass sie ein Problem hat, aber nicht, dass es dafür speziell eine Lösung gibt.**
   Beispiel: Deine Zielgruppe schläft schlecht. Sie fühlt sich morgens total gerädert und ausgelaugt. Sie weiß, dass sie damit ein Problem hat, und denkt sich: »Joah, ist halt blöd, lässt sich aber jetzt nicht ändern.«
   Sie hat sich damit bereits abgefunden und nimmt es einfach so hin.
2. **Die Zielgruppe weiß, dass sie ein Problem hat, sucht aber nicht aktiv nach einer Lösung.**
   Beispiel: Deine Zielgruppe schläft schlecht. Sie bemerkt ganz genau, wie schlecht es ihr damit geht. Aber ihr sind die Folgen dieses Problems nicht wichtig. Sie denkt sich: »Darum kümmere ich mich später.«
   Sie weiß, dass sie eine Lösung braucht für ihr Problem, schiebt es aber immer wieder auf.
3. **Die Zielgruppe weiß, dass sie ein Problem hat, nimmt es aber in Kauf, weil sie eine Lösung mit Anstrengung oder Schmerz verbindet.**
   Beispiel: Deine Zielgruppe schläft schlecht. Sie fühlt sich damit überhaupt nicht gut und weiß, dass sie eine Lösung finden muss.

Eine Lösung könnte sein, ins Schlaflabor zu gehen. Dort wäre es möglich herauszufinden, warum sie schlecht schläft.
Aber der Gang ins Schlaflabor ist für deine Zielgruppe mit Aufwand verbunden. »Und so verkabelt schlafen … nee, das ist nichts für mich!«

Befindet sich deine Zielgruppe im Problembewusstsein, muss der Fokus deiner Arbeit auf ÜBERZEUGEN liegen.

Der Zielgruppe sind die Folgen ihres Problems noch nicht bewusst. Daher muss erst einmal herausgefunden werden, was genau ihr wahrgenommenes Problem ist. Denn oft werden die Probleme an ganz anderen Stellen gesehen. Um bei unserem Beispiel »schlecht schlafen« zu bleiben:

Das tatsächliche Problem sieht so aus: Sehr wahrscheinlich schlafen die Personen in besagter Zielgruppe schlecht, weil sie tagsüber viel Stress haben. Gedanken verfolgen sie noch bis tief in die Nacht, was dazu führt, dass sie viel zu spät einschlafen und schlechte Träume haben. Und deshalb wachen sie am nächsten Morgen wie gerädert und total ausgelaugt auf.

Die wahrgenommenen Probleme könnten aber so aussehen: falsche Kissen (zu flach, zu hoch, zu bauschig), falscher Standort des Bettes, unruhiger Partner, schlechtes Abendessen und so weiter.

Für dich heißt das jetzt: Bringe ihnen das tatsächliche Problem – nämlich den Stress und die negativen Gedanken – ins Bewusstsein. Führe sie vorsichtig vom wahrgenommenen zum tatsächlichen Problem. Denn sehr wahrscheinlich hast du eine Lösung, um gegen Stress und negative Gedanken vorzugehen. Doch wenn deine Zielgruppe noch denkt, ihr Kissen oder das schlechte Essen wären schuld, hat sie kein Interesse an deiner Lösung.

Lösungsbewusstsein

Alle, die sich an dieser Haltestelle befinden, sind schon einen Schritt weiter. Diese Menschen nehmen ihr tatsächliches Problem wahr und wissen bereits, dass es dafür eine Lösung gibt. Doch auch hier gibt es wieder vier verschiedene Möglichkeiten:

1. **Die Zielgruppe kennt zwar ihr Problem, aber die Lösung dazu noch nicht.**
   Sie ist sich der Folgen ihres Problems bewusst und ist aktiv auf der Suche nach einer Lösung. Sie weiß nur noch nicht genau, wie der Ansatz ihrer Lösung aussehen kann.
2. **Die Zielgruppe kennt ihr Problem und die für sie passende Lösung.**
   An diesem Punkt hat sie sich bereits für einen Ansatz entschieden und sucht jetzt erst mal nach kostenfreien Angeboten, um sich zu informieren.
3. **Die Zielgruppe kennt die für sie passende Lösung, kann sie aber nicht allein umsetzen.**
   Sie hat sich schon über Blogartikel, Videos oder andere Quellen zur passenden Lösung informiert, kommt aber allein nicht weiter und sucht jetzt gezielt nach einem unterstützenden Angebot.
4. **Die Zielgruppe hat schon eine Lösung umgesetzt, konnte aber ihr Problem damit nicht lösen.**
   Sie hat schon ein kostenpflichtiges Angebot genutzt, es hat ihr aber nicht bei der Lösung ihres Problems geholfen. Jetzt ist sie verunsichert, aber trotz alledem immer noch auf der Suche nach der für sie richtigen Lösung.

Befindet sich deine Zielgruppe im Lösungsbewusstsein, dann sollte der Fokus deiner Arbeit auf VERTRAUENSAUFBAU liegen.

Deiner Zielgruppe ist ihr tatsächliches Problem bereits bewusst, und sie ist aktiv auf der Suche nach einer Lösung. Da es sehr wahrscheinlich verschiedene Anbieter für diese Lösung gibt, solltest du darauf achten, das Vertrauen deiner Zielgruppe zu gewinnen. Richte ihren Blick auf die Vorteile DEINER Lösung.

Bei dieser Zielgruppe kannst du direkt mit deiner Expertise loslegen und zum Beispiel dein Wissen darüber anwenden, was gegen Stress und negative Gedanken hilft. Hier musst du jetzt keine Überzeugungsarbeit mehr leisten, denn diese Menschen wissen ganz genau, was sie wollen.

Produktbewusstsein

Wo du jetzt am besten deine Zielgruppe abholst, liegt zum einen an deinem Thema und zum anderen an dir. Hast du keine Lust auf Überzeugungsarbeit, dann starte mit einer Möglichkeit im Lösungsbewusstsein. Möchtest du gern Menschen zu der (für sie) richtigen Lösung führen, dann starte mit einem Punkt im Problembewusstsein. Wie gesagt, es gibt kein »richtig« oder »falsch« – es ist deine Entscheidung.

Und ganz egal, an welchem Bewusstseinszustand (an welcher Haltestelle) du deine Zielgruppe auch abholst, es ist wichtig, dass sie sich von dir verstanden fühlt. Denn sobald wir uns verstanden fühlen, entwickeln wir Vertrauen. Und das ist ungemein wichtig, um am Ende dieser Reise erfolgreich unser Angebot verkaufen zu können.

Diese beiden Bewusstseinsebenen sind sozusagen der Start deiner Zielgruppe – entweder Problembewusstsein oder Lösungsbewusstsein.

Das Ziel sollte sein, die Zielgruppe ins Produktbewusstsein zu führen.

Das Produktbewusstsein entwickelt sich bei deiner Zielgruppe mit der Zeit auf eurer gemeinsamen Reise. Hier kommt es darauf an, von wo du gestartet bist, aber auch, welchem Persönlichkeitstyp deine Zielgruppe angehört. Die einen brauchen ein wenig länger, und andere wiederum entscheiden sich schneller. Das ist ganz individuell zu sehen.

Für dich ist es wichtig zu verstehen: Man kann niemals mit Menschen eine Reise starten, die bereits im Produktbewusstsein sind!

Das ist ein Irrglaube, dem viele Leute – gerade wenn sie mit der Kundengewinnung über Social Media starten – verfallen. Sie haben eine Idee, womit sie sich selbstständig machen wollen, sind sich sicher, ihre Zielgruppe bereits zu kennen, und entwickeln dann ein Angebot.

Im nächsten Schritt bieten sie ihr Angebot dann einer absolut kalten Zielgruppe (Menschen, die weder sie noch ihr Angebot kennen) an, mit dem Ergebnis: Niemand kauft! Sie sind total enttäuscht und beginnen, entweder an sich oder an ihrem Angebot zu zweifeln.

Es ist so gut wie unmöglich, dein Angebot an Menschen zu verkaufen, die weder dich noch deine Art zu arbeiten kennen. Egal, nach welcher Triebfeder sie entscheiden, und auch ganz egal, ob sie langsam oder schnelle Entscheider sind … sie brauchen Vertrauen, um zu kaufen. Und das bekommen sie nur, wenn sie zu dir und deiner Arbeit während eurer gemeinsamen Reise Vertrauen aufbauen.

Sind sie dann im Produktbewusstsein angekommen, wenn …

- sie dich als Lösungsanbieter kennen,
- sie dein Produkt kennen
  und
- sie überlegen, ob sie sich jetzt für dein Produkt oder für das eines Konkurrenten entscheiden.

Befindet sich deine Zielgruppe im Produktbewusstsein, sollte dein Fokus auf EINWANDBEHANDLUNG liegen.

Du hast diese Menschen jetzt schon ein ganzes Stück auf ihrem Weg begleitet, und jetzt geht es darum, dass sie sich dann auch tatsächlich für dein Angebot entscheiden.

Richte ihren Blick auf die Dringlichkeit der Lösung ihres Problems. An diesem Punkt solltest du all ihre möglichen Einwände kennen, um sie schon im Vorfeld aus dem Weg zu räumen. Wenn uns jemand eine gute Antwort auf eines unserer Bedenken liefert, ohne dass wir es ausgesprochen haben, bekommen wir schnell das Gefühl: Der/Die weiß, was er/sie tut!

Das war jetzt erst einmal ein kurzer Überblick über die Möglichkeiten, wo du deine Zielgruppe abholen kannst. Ich werde im Laufe des Buches immer mal wieder auf dieses Thema zurückkommen.

UND JETZT BIST DU DRAN:

So rein aus dem Bauch heraus: An welcher Haltestelle würdest du deine Zielgruppe gerne einsammeln? Ist es das Problembewusstsein oder das Lösungsbewusstsein? Und an welchem Punkt möchtest du ganz genau ansetzen?

Beispiel: Meine Zielgruppe startet im Lösungsbewusstsein. Sie kennt die Lösung, schafft es aber nicht allein.

Muss es immer der Schmerzpunkt sein?

Diese Frage wurde mir schon sehr oft gestellt, und aus diesem Grund möchte ich das Thema auch hier gern mit aufnehmen.

Wenn man sich in der weiten Welt des World Wide Web umschaut, liest man immer wieder: »Finde den Schmerzpunkt deiner Zielgruppe!« Oder auch: »Was sind die Pain Points deiner Zielgruppe?«

Fakt ist: Solange wir keinen Drang verspüren, unser Problem zu lösen, sind wir auch an keiner Lösung interessiert. Warum sollten wir für etwas Geld ausgeben, das uns gerade nicht wichtig erscheint?!

Es gibt mehrere Faktoren, mit denen wir das Interesse unserer Zielgruppe wecken können. Auch wenn diese unterschiedlich sind, eines haben sie alle gemeinsam: die Dringlichkeit!

Angst

Angst ist ein starker Entscheidungsfaktor, nicht immer rational, aber doch immer dringlich. Sobald wir Angst verspüren, wollen wir diese loswerden.

Wir können das Interesse unserer Zielgruppe also dadurch wecken, dass wir ihre Angst in Worte fassen, indem wir gewissermaßen ihre (geheimsten) Gedanken aussprechen.

- Welche Angst sorgt dafür, dass sie sich selbst blockieren?
- Welche Angst möchte die Zielgruppe loswerden, um sich endlich wieder frei zu fühlen?
- Was braucht die Zielgruppe, um sicher an ihr Ziel zu gelangen?

Wenn du dich für den Faktor Angst entscheidest, solltest du deiner Zielgruppe direkt zeigen, warum sie keine Angst zu haben braucht.

Ein Beispiel: Ich habe einen Workshop für Frauen, die einen Onlinekurs erstellen wollen. In diesem Workshop zeige ich ihnen, wie sie die richtige Zielgruppe für ihren Kurs finden. Um das Interesse dieser Frauen zu wecken, arbeite ich in meinen Beiträgen und Werbeanzeigen mit dem Faktor Angst.

SCHLUSS MIT DEM EWIGEN GEDANKENKARUSSELL!

- Nie wieder Angst, ob überhaupt jemand kauft.
- Nie wieder die Frage, ob der Preis zu hoch ist.
- Nie wieder überlegen, ob der Kurs der richtige ist.

Alle, die schon mal einen Onlinekurs erstellt haben, ohne sich vorher ausführlich mit der Zielgruppe auseinanderzusetzen, kennen genau diese Ängste und Gedanken.

- »Was ist, wenn nachher keiner meinen Kurs kauft?«
- »Was ist, wenn nachher niemand den Preis zahlen will?«
- »Ist der Kurs für meine Zielgruppe wirklich hilfreich?«

Diese Gedanken werden im Laufe der Erstellung des Kurses immer lauter und sehr unangenehm. Denn sobald etwas mit »Was ist, wenn …?« beginnt, fühlen wir uns hilflos – und das macht Angst. Wir können nicht in die Zukunft sehen. Wir können nicht wissen, ob der Kurs erfolgreich wird oder eben nicht.
ES SEI DENN … (und jetzt kommt mein Angebot) … wenn du ganz genau weißt, für wen du deinen Kurs erstellst. Du brauchst

keine Angst zu haben, solange du deine Zielgruppe richtig gut kennenlernst, bevor du deinen Kurs erstellst.
Du suchst dir deine Zielgruppe aus, aber deine Zielgruppe entscheidet über den Inhalt deines Angebotes.

Wenn du diesen Weg gehst,

- dann kannst du dir sicher sein, dass dein Kurs später auch gekauft wird – da du dein Angebot aufgrund der Informationen deiner Zielgruppe erstellt hast.
- dann kannst du dir sicher sein, dass der Preis bezahlt wird – da du dir die Menschen ausgesucht hast, die bereit sind, für deine Lösung Geld auszugeben.
- dann kannst du dir sicher sein, dass der Kurs deiner Zielgruppe auch den Mehrwert bringt, den sie sich wünscht – da du sie im Vorfeld ja gefragt hast, was sie brauchen.

Das ist der Weg, um mit dem Faktor Angst in der Ansprache zu arbeiten. Du siehst, es ist nichts Verwerfliches daran. Viele haben ja selbst Angst, mit diesem Faktor zu argumentieren, weil sie das Gefühl haben, sie würden ihre Zielgruppe manipulieren.

Ja, es gibt Möglichkeiten, mit Psychologie Menschen zu manipulieren, aber diese Art der Kundenansprache gehört definitiv nicht dazu.

Schmerz

In meiner Ausbildung hieß es noch: Ohne Schmerz kein Kauf! Und ich finde, in unserer heutigen Welt, ist dieser Satz zutreffender denn je.

Wir werden tagtäglich mit Angeboten überschwemmt. Jeder will uns mit seinem Angebot unterstützen, helfen, weiterbringen. Aus diesem Grund stumpfen wir immer mehr ab. Und je mehr wir abstumpfen, umso dringlicher muss unser Wunsch nach einer Lösung sein, damit diese überhaupt unser Interesse weckt.

Beispiel: Thema Zielgruppendefinition. Die Zielgruppe befindet sich im Problembewusstsein. Sie weiß, dass sie ein Problem hat, nimmt es aber in Kauf, denn sie verbindet die Lösung mit Anstrengung und/oder Schmerz, und versucht, dem zu entgehen.

Um jetzt den richtigen Schmerzpunkt zu finden, ist es wichtig, die Triebfeder der Zielgruppe zu kennen.

Bei der Triebfeder *Geltung* helfen folgende Punkte:

- Kein Erfolg/Status (Beispiel: Du wirst nicht sichtbar? Niemand nimmt dich wahr?)
- Kein Geld (Beispiel: Egal, was du tust, du erreichst einfach nicht genug Kund*innen?)

Bei der Triebfeder *Stimulanz* sind die folgenden Punkte hilfreich:

- Keine Freiheit (Beispiel: Du willst dich nicht auf eine Zielgruppe festlegen müssen?)
- Keine Selbstverwirklichung (Beispiel: Du willst es nicht so machen wie alle anderen?)

Bei der Triebfeder *Gemeinschaft* helfen folgende Aspekte:

- Keine Gemeinschaft (Beispiel: Du fühlst dich mit dem Thema Zielgruppe alleingelassen?)
- Keine Unterstützung (Beispiel: Du hast das Gefühl, deiner Zielgruppe nicht richtig helfen zu können?)

Bei der Triebfeder *Sicherheit* kann man die folgenden Punkte ansprechen:

- Kontrolle und Absicherung
- Keine Sicherheit (Beispiel: Du bist dir nicht sicher, ob …?)
- keine Kontrolle (Beispiel: Du hast das Gefühl, andere treffen deine Entscheidungen.)

Wenn du das Interesse dieser Zielgruppe (im Problembewusstsein) mit dem Faktor Schmerz wecken willst, musst du ihnen auch hier wieder ihre (dunkelsten) Gedanken vor Augen führen.

Denke daran: Diese Zielgruppe kennt ihr Problem, möchte der Lösung aber aus dem Weg gehen. Hier kommst du mit freundlichen und positiv formulierten Worten keinen Schritt weiter. Daher kann ich schon mal sagen: Entscheidest du dich für eine Zielgruppe im Problembewusstsein, wird dir erst einmal nichts anderes übrig bleiben, als sie mit dem Faktor Schmerz anzusprechen.

Später, wenn sie verstanden haben, was die tatsächliche Lösung für ihr Problem ist – und sie so im Lösungsbewusstsein sind –, kannst du auf andere Faktoren umsteigen.

Wunsch

Der Faktor Wunsch scheint auf den ersten Blick die »schönste« Möglichkeit zu sein, unsere Zielgruppe anzusprechen, ist aber tatsächlich die schwierigste.

Mit diesem Faktor können wir erst arbeiten, wenn sich unsere Zielgruppe im Lösungsbewusstsein befindet. Und auch hier ist es wichtig zu wissen, welche Triebfeder die Zielgruppe beeinflusst:

Geltung:

- Erfolg/Status (Beispiel: von 0 auf 10 000 Follower in einem Monat)
- Geld (Beispiel: in drei Monaten sechsstellige Einnahmen generieren)

Stimulanz:

- Freiheit (Beispiel: arbeiten von überall)
- Selbstverwirklichung (Beispiel: neue Wege gehen)

Gemeinschaft:

- Austausch (Beispiel: sich eine großartige Community schaffen)
- Unterstützung (Beispiel: wertvollen Content für die Zielgruppe bieten)

Sicherheit:

- Kontrolle (Beispiel: den Traum im eigenen Tempo verwirklichen)
- Absicherung (Beispiel: einen wissenschaftlich belegten Weg nutzen, um …)

Denn der Faktor Wunsch funktioniert nur, wenn der tatsächliche Wunsch so stark ist, dass jeder Schmerz und jede Anstrengung in Kauf genommen werden, um ihn zu erreichen. Der Faktor Wunsch funktioniert nicht bei allen Zielgruppen gleich gut, am ehesten noch bei der roten oder der gelben. Diese beiden Gruppen sind schnelle Entscheider.

Damit mit dem Faktor Wunsch eine Kaufentscheidung herbeigeführt werden kann, muss Folgendes im Kopf der Zielgruppe passieren: In Sekundenbruchteilen müssen die an sie gerichteten Worte Bilder der zukünftigen Situation erschaffen, die dann sofort das Gefühl von »DAS will ich haben!« hervorrufen.

Beispiel: Du bietest einen Kurs an, in dem deine Teilnehmer*innen lernen, wie sie Facebook-Werbeanzeigen richtig schalten.

Im Kopf einer roten Zielgruppe wird sofort folgender Gedankengang freigesetzt: »Wenn ich weiß, wie das mit den Werbeanzeigen geht, kann ich viel mehr Menschen erreichen.« Und dieser Gedanke wiederum lässt folgende Schlussfolgerung entstehen: »Wenn ich mehr Menschen erreiche, bekomme ich mehr zahlende Kunden!«

Mehr zahlende Kunden = mehr Geld/mehr Erfolg/mehr Status. (Triebfeder *Geltung/Geld*).

Das Glücksgefühl bei dem Gedanken, endlich viel Geld zu verdienen, überkommt sie in Sekundenbruchteilen. So entsteht das »HABEN-WOLLEN«. Die Entscheidung ist getroffen, sie kaufen! Ganz egal, was der Kurs kostet oder die Vernunft sagt: Sie kaufen.

Die grüne und die blaue Zielgruppe brauchen mit ihren Entscheidungen meist länger. Sie entscheiden in den allermeisten Fällen nicht spontan. Sie prüfen und überlegen gern mal etwas länger. Das sind die Menschen, die zehnmal auf die Landingpage gehen und sich alles durchlesen oder die sich vielleicht alles schon in den Einkaufswagen gelegt oder abgespeichert haben, aber doch lieber noch mal eine Nacht (oder auch mehrere Nächte) drüber schlafen wollen.

Die Grünen brauchen mehr Meinungen von anderen, die Blauen noch mehr Fakten. Und vielleicht kennst du das auch von dir: Je länger du über etwas nachdenkst, umso eher findest du Bedenken. Und die sorgen dann bei der grünen und blauen Zielgruppe dafür, dass sie sehr wahrscheinlich nicht kaufen.

Fassen wir noch mal zusammen: Es gibt drei Faktoren, mit denen sich das Interesse der Zielgruppe wecken lässt: Angst, Schmerz und Wunsch. Angst kann man für eine Zielgruppe im Problem- sowie im Lösungsbewusstsein nutzen. Schmerz hilft am besten bei einer Zielgruppe im Problembewusstsein, um ihr erst einmal die Folgen ihres Problems bewusst zu machen. Wunsch ist der Faktor, der am schwierigsten anzuwenden ist. Er funktioniert am besten bei der roten und der gelben Zielgruppe im Lösungsbewusstsein.

UND JETZT BIST DU DRAN:

Kannst du dir vorstellen, deine Zielgruppe mit dem Faktor Angst oder Schmerz anzusprechen? Oder möchtest du lieber alles positiv mit dem Faktor Wunsch formulieren?

Was braucht deine Zielgruppe?

Puh, das sind ganz schön viele Informationen, ich weiß. Und leider habe ich noch keine Möglichkeit gefunden, sie »leicht verdaulich« weiterzugeben.

Wenn du noch nicht alle Zusammenhänge verstanden hast, ist das kein Problem. Denn im Praxisteil wird dir mit Sicherheit noch einiges klarer werden. Also, nicht aufgeben und einfach weiterlesen. Ich verspreche dir, das Puzzle setzt sich auf jeden Fall noch zusammen.

Die Bedürfnisse meiner Zielgruppe

In diesem Kapitel kümmern wir uns um das Bedürfnis unserer Zielgruppe: Warum will sie ihr Problem lösen?

Wenn wir wissen, warum unsere Zielgruppe das Problem lösen will, fällt es uns leichter, das HABEN-WOLLEN-Gefühl zu entfachen. Und hierbei hilft uns das Wissen über die Triebfeder unserer Zielgruppe weiter.

Wenn es um die Persönlichkeit deiner Zielgruppe geht, gibt es zwei Punkte, die wir uns noch einmal genauer anschauen sollten:

- Wofür brauchen wir das Wissen über die Persönlichkeit unserer Zielgruppe?
- Wofür wird ihre Triebfeder bei unserer Kundenansprache verwendet?

Das hier ist der Knackpunkt, an dem die meisten Menschen bei ihrer Zielgruppendefinition und der Kundenansprache scheitern. Denn sie vermischen zwei Dinge, die nicht zusammengehören.

Natürlich ist es wichtig, dass wir bei der Wahl unserer Zielgruppe darauf achten, dass ihr Persönlichkeitstyp auch zu uns als Mensch passt.

Im zwischenmenschlichen Bereich muss es einfach stimmen, denn sonst kann die Zusammenarbeit schwierig werden. Bei Dienstleister*innen wie Coaches, Trainer*innen und Berater*innen ist das noch mal wichtiger als bei Produktanbieter*innen.

Doch für uns alle ist es wichtig, mit Menschen zu arbeiten, bei denen wir uns nicht verstellen müssen und die zu unserer Persönlichkeit und unseren Werten passen. Um hier die richtige Wahl zu treffen, ist es natürlich in erster Linie wichtig zu wissen, welche Persönlichkeit uns selbst ausmacht, damit wir danach den Persönlichkeitstypus unserer Zielgruppe wählen können. Und ganz genau dafür musst du wissen, welche Persönlichkeit deine Zielgruppe hat. Doch dieses Wissen hilft dir nicht, wenn es um deine Kundenansprache geht.

Bei der Kundenansprache zählt einzig, mit welcher Triebfeder deine Zielgruppe ihre Entscheidungen bezüglich deines Themas trifft. Ich könnte jetzt pauschal sagen, dass beispielsweise für Leute mit der roten Triebfeder Themen in den Bereichen Selbstständigkeit und Business vorrangig sind und dass du in den Bereichen, die sich um Tiere und Kinder drehen, überwiegend Vertreter der grünen Triebfeder findest. Aber so funktioniert das nicht, denn auch hier bist allein DU bei der Entscheidung gefragt.

Was alles dahintersteckt, darüber sprechen wir ausführlich im Praxisteil, wenn es um die Persönlichkeit deiner Zielgruppe geht.

Welche Zielgruppe also die richtige für dich ist, hängt von vielen verschiedenen Faktoren ab:

- deiner eigenen Persönlichkeit,
- deinem Thema,
- deinen Stärken.

Vielleicht wunderst du dich gerade, warum auf einmal deine Stärken hier ebenfalls eine Rolle spielen. Aber einen großen Part bei der Entscheidung zur eigenen Zielgruppe macht auch die Frage aus, wie ich meine Zielgruppe im Griff behalten kann.

Die Zielgruppe im Griff behalten

Die unterschiedlichen Zielgruppen bringen jeweils Stärken und Schwächen mit in eure Arbeitsbeziehung. Die Stärken helfen dir, die Schwächen musst du ausgleichen.

Folgende Stärken und Schwächen haben die unterschiedlichen Zielgruppen:

- **Rot – Stärke** = zielstrebig, leistungs- und lösungsorientiert, entscheidet sehr schnell
- **Rot – Schwäche** = kein Fokus, springt von einem Punkt zum nächsten, weiß alles besser, ist ungeduldig

- **Gelb – Stärke** = spontan, euphorisch, entscheidet schnell
- **Gelb – Schwäche** = keine Struktur, entwickelt viele Ideen und verzettelt sich dabei schnell mal

- **Grün – Stärke** = Teamplayer, liebt den Austausch in der Gruppe
- **Grün – Schwäche** = braucht Führung und Struktur, ist meinungsabhängig, braucht einige Zeit, um sich zu entscheiden

- **Blau – Stärke** = zuverlässig, tut, was man ihr/ihm sagt
- **Blau – Schwäche** = braucht Klarheit und feste Strukturen, braucht vor allem sehr lange, um sich zu entscheiden

Wenn du dich jetzt zum Beispiel für die rote Zielgruppe entschieden hast, weil du findest: »Menschen, die wissen, was sie wollen, und schnell bereit sind, Geld auszugeben, sind super für mich!«, dann solltest du selbst sehr fokussiert sein, denn diese Menschen musst du immer wieder zurück »in die Spur« bringen.

Rote Persönlichkeiten sind schnell mal gelangweilt. Meist geht es ihnen zu langsam, und sie denken sich: »Das kann ich schon, ich schau mal, was mich noch interessiert!« Und dann springen sie von Schritt 3 zu Schritt 17. Das ist auch meist der Grund, warum diese Persönlichkeiten nicht erfolgreich werden. Sie können den Fokus nicht halten und verlieren so den Überblick, was noch alles nötig ist, um ihr Ziel zu erreichen.

- **Wer also mit Menschen aus der roten Zielgruppe zusammenarbeiten möchte,** sollte auf jeden Fall eine gute Führungspersönlichkeit sein. Denn die Roten sind meist dominante, starke Persönlichkeiten. Und man sollte bereit sein, ihre Aufmerksamkeit immer wieder zurück auf den eigentlichen Fokus zu richten.
  Sind das deine Stärken? Dann ist das eine gute Zielgruppe für dich.
- **Wer mit Menschen aus der gelben Zielgruppe zusammenarbeiten will,** sollte auf jeden Fall selbst gut strukturiert sein. Man kann hier gern auch mal spontan sein, denn das schätzt diese Zielgruppe. Sie liebt es, Neues zu lernen, aber sie braucht unbedingt eine klar vorgegebene Struktur, sonst verzettelt sie sich.
  Bist du selbst eher unstrukturiert, ist diese Zielgruppe nicht die beste für dich. Denn so wird es dir schwerfallen, sie am Ende auch zu ihrem Ziel zu bringen.
- **Wer eine Zusammenarbeit mit Menschen aus der grünen Zielgruppe anstrebt,** braucht auch hier eine klare Führungspersönlichkeit. Diese Menschen lieben es, sich in der Gruppe auszutauschen. Und genau das würden sie auch bis in alle Ewigkeit tun. Daher ist es an dir, die Führung zu übernehmen, sonst werden auch sie ihr Ziel nicht erreichen.
- **Für jemanden, der mit Menschen aus der blauen Zielgruppe zusammenarbeiten möchte,** wäre es sehr hilfreich, selber auch eine blaue Persönlichkeit zu sein. Dies hier ist die einzige Zielgruppe, bei der ähnliche Strukturen ausschlaggebend sind. Denn um den Erwartungen einer blauen Zielgruppe gerecht werden zu können, sollte man selbst so ticken. Spontanität und Gruppendenken sind hier eher nicht gern gesehen.

Es kommt also nicht nur darauf an, mit welchen Persönlichkeitstypen du gern arbeiten möchtest, weil ihre Stärken dich ansprechen, sondern es geht auch darum, dass du ihre Schwächen ausgleichen kannst.

Allerdings möchte ich eine Sache noch mal hervorheben: Hast du eine blaue Persönlichkeit, würde ich auch eine Zielgruppe mit einer blauen Persönlichkeit empfehlen. Doch bei allen anderen könnte das schwierig werden. Wenn du die gleichen Stärken und Schwächen wie deine Zielgruppe hast, wird es dir schwerfallen, diese auszugleichen. Und dann könnte Folgendes eintreffen:

- Bei den Roten kann sehr schnell allgemeiner Frust entstehen, weil jeder alles besser weiß.
- Bei den Gelben kann es rasch passieren, dass ihr euch in euren Ideen verliert.
- Bei den Grünen kann es sehr schnell dazu kommen, dass ihr im Austausch stecken bleibt.
- Einzig bei den Blauen überwiegen die Vorteile einer Blau/Blau-Kombination. Bei allen anderen würde ich von dieser Konstellation abraten.

Wenn du allerdings unbedingt eine Zielgruppe mit deiner Persönlichkeitsstruktur haben möchtest, dann musst du zusehen, dass du ganz besonders auf die Schwächen achtest und sie bewusst ausgleichst.

UND JETZT BIST DU DRAN:

Welche Zielgruppen passen aufgrund deiner Stärken am besten zu dir?

Der Entscheidungsprozess

In diesem Kapitel möchte ich den gesamten Entscheidungsprozess von »Das bin ich!« bis »Das will ich!« noch einmal genauer durchgehen.

Ganz zu Beginn der Customer Journey (der Kundenreise) ist es wichtig, bei der Zielgruppe eine Form der Selbsterkenntnis (»Das bin ich!«) auszulösen. Dafür eignet sich am besten ein Freebie (ein kostenfreies Angebot – im Kapitel »Das Freebie und die liebe Zielgruppe« werde ich noch genauer darauf eingehen). Das kann eine Checkliste, ein Fahrplan als PDF, eine Audiodatei, ein Video oder Ähnliches sein. Hier sind der Fantasie keine Grenzen gesetzt.

Du solltest nur im Auge behalten, dass dieses Freebie die Haltestelle ist, an der du deine Zielgruppe für eure gemeinsame Reise abholst. Und um ein DAS-BIN-ICH-Gefühl auszulösen, musst du ganz genau wissen, in welchem Bewusstseinszustand du sie abholst und was ihr wahrgenommenes oder tatsächliches Problem ist.

Um es bildlich zu erklären: Stell dir vor, du fährst mit deinem Bus an die Haltestelle. Dein Freebie ist die Broschüre, die du den wartenden Menschen in die Hand drückst. Gefällt ihnen, was sie sehen, und glauben sie, dass die Reise ihnen weitere Vorteile bringt, steigen sie ein. Dann sind sie in deinem Bus, und jetzt ist es an dir, dafür zu sorgen, dass sie auch sitzen bleiben.

Vom DAS-BIN-ICH- geht es im nächsten Schritt zum DAS-BRAUCHE-ICH-Gefühl. Hier gilt es, das Bewusstsein der Zielgruppe auf DEIN Angebot zu fokussieren, indem du ganz genau weißt, welche Triebfeder deine Zielgruppe dazu bringt, Entscheidungen in dieser Situation zu treffen.

Das hier ist ein entscheidender Moment. Konntest du die Aufmerksamkeit deiner Zielgruppe auf dein Angebot lenken und sie haben ein DAS-BRAUCHE-ICH-Gefühl entwickelt, ist das schon die halbe Miete.

Als Nächstes geht es von DAS BRAUCHE ICH zu DAS WILL ICH, was bedeutet, dass jetzt das Bedürfnis in den Vordergrund gerückt wird. Wir sorgen dafür – mit unserem Wording, unseren Beiträgen, unseren Werbeanzeigen –, dass unsere Zielgruppe darüber nachdenkt, unser Angebot zu kaufen.

Und am Ende unserer Reise steht DAS MACHE ICH. Das ist der Punkt, an dem die endgültige Entscheidung getroffen wird. Hier ist die Zielgruppe im Produktbewusstsein angekommen und wir können gut mit dem Faktor Wunsch arbeiten.

Dieser Entscheidungsprozess kann bei manchen Zielgruppen innerhalb von Sekunden ablaufen, andere brauchen dafür mehrere Wochen. Das liegt zum einen daran, dass die rote und die gelbe Zielgruppe schnelle Entscheider sind, wohingegen die grüne und die blaue Zielgruppe länger brauchen, um sich festzulegen.

Und genau deshalb ist es auch so wichtig zu wissen, welche Persönlichkeit deine Zielgruppe mitbringt. Denn wenn du wie ich eine rote Persönlichkeit bist und dann eine grüne Zielgruppe hast, musst du seeeeehr geduldig sein. Jetzt ist Geduld aber nicht unbedingt die Stärke einer roten Persönlichkeit. Also ist es wichtig, dass dir bewusst ist, auf was du dich einlässt.

Vertrauen gewinnen

Geht es darum, das Vertrauen der Zielgruppe zu gewinnen, gibt es einige Unterschiede, die zu beachten sind. Meist gibt es auch hier einen allgemein üblichen Ratschlag: »Gib so viele Testimonials wie möglich heraus!« Allerdings wird diese Methode nur bei einer Zielgruppe wirklich helfen, alle anderen kannst du damit nicht locken.

Schauen wir uns doch einmal an, wie die unterschiedlichen Zielgruppen ihr Vertrauen aufbauen:

- **Die rote Zielgruppe muss ihr Ziel klar vor Augen sehen.** Hier kannst du nur mit Leistung punkten. Zeig ihnen, was sie bekommen und was sie am Ende davon haben. Am besten funktioniert hier ein Beweis des Ergebnisses. Man könnte jetzt meinen, Tes-

timonials würden helfen … tun sie aber nicht. Denn der roten Zielgruppe ist es egal, was Hinz und Kunz sagen. Wenn ein Testimonial von Interesse ist, dann nur eins von jemandem, der es wirklich schon »zu was gebracht hat«.
Menschen mit einer roten Persönlichkeitsstruktur brauchen das Glücksgefühl, das sich einstellt, wenn sie von ihrem Erfolg träumen. Gib ihnen, was sie wollen, und sie schenken dir ihr Vertrauen.

- **Die gelbe Zielgruppe braucht die Meinung der anderen.** Diese Gruppe von Menschen braucht Testimonials – je mehr, desto besser. Sie vertrauen nicht wirklich auf ihre eigene Entscheidungskraft, daher möchten sie sich gern rückversichern.
  Diese Zielgruppe spricht sofort auf Formulierungen wie »Schon xy Menschen haben an diesem Kurs teilgenommen!« an. Haben sich bereits viele andere Menschen dafür entschieden, dann muss das gut sein. Lass andere für dich sprechen, und sie schenken dir ihr Vertrauen.
- **Die grüne Zielgruppe ist die einzige Gruppe, die dir als Person vertraut.** Bei allen anderen zählen ihr eigenes Ergebnis, die Meinung anderer oder die Qualität deines Angebotes. Doch hier geht es nur um dich. Solange sie das Gefühl haben, du bist der/die Richtige für sie, ist es relativ egal, ob sie ihr Ergebnis zu 100 Prozent erreichen … sie folgen dir überallhin.
- **Die blaue Zielgruppe braucht den Beweis der Qualität.** Hier stehen sowohl du als Mensch als auch dein Angebot unter starker Beobachtung. Schon einige Rechtschreibfehler in deinen Texten können dazu führen, dass diese Zielgruppe wieder abspringt. Du musst schon belegen können, dass du auch wirklich der/die Richtige für ihre Lösung bist.
  Für diese Menschen zählen auch Zeugnisse und Zertifikate sowie eine ordentliche Ausbildung sehr viel. Kannst du dies alles nicht nachweisen, fällt es ihnen schwer, dir zu vertrauen.

Das hilft dir später dabei zu verstehen, wie du das Vertrauen deiner Zielgruppe aufbauen kannst.

Man kann sie nicht alle glücklich machen

Schon sind wir am Ende des ersten Teils angekommen, und du hast schon eine regelrechte Flut an neuen Informationen von mir bekommen.

Ich bin mir sicher, mittlerweile hast du verstanden, warum es nicht reicht, mal eben eine – oder auch mehrere – Buyer-Persona-Vorlagen auszufüllen, um für dich die richtige Zielgruppe zu finden.

Wenn wir unsere Zielgruppe suchen, dürfen wir nicht vergessen, dass verschiedene Gruppen auch verschiedene …

- Hintergründe,
- Wahrnehmungen,
- Wünsche,
- Bedürfnisse und
- Erwartungen

… an uns und unser Angebot haben.

Wir gehen jetzt endlich zum Praxisteil über und werden uns im ersten Schritt ausführlich mit deiner Grunddefinition beschäftigen.

Damit du nicht immer wieder alles nachlesen musst, weil sicherlich einiges bei der Flut an Informationen verloren gegangen ist, werde ich die wichtigsten Punkte für jedes Kapitel noch einmal aus dem ersten Teil zusammenfassen.

So kannst du am besten mit dem Praxisteil arbeiten: Entweder liest du dir erst einmal alles durch, um später in Ruhe einzelne Punkte nachzuarbeiten, oder du kannst auch direkt loslegen. Dafür brauchst du einen Block und einen Stift, und schon kann es losgehen.

Viel Spaß!

TEIL 2:

DIE PRAXIS

Was ist eine Grunddefinition?

Bevor wir jetzt loslaufen, um eine Zielgruppe zu finden, sollten wir erst einmal überlegen, wen genau wir denn eigentlich suchen. Und genau darum geht es bei der Grunddefinition.

Dieses fiktive Model dient dazu, den ganzen Gedankenwirrwarr zu sortieren und Schritt für Schritt zum aktuellen Stand zu gelangen, sodass im nächsten Schritt – nämlich der Umfrage – überprüft werden kann, ob die Realität mit der eigenen Vorstellung übereinstimmt.

Im ersten Teil dieses Buches habe ich viel über die Zielgruppenpsychologie in der Theorie gesprochen. Für die Grunddefinition brauchen wir aber nur bestimmte Teile davon. Der Rest wird im späteren Verlauf dazukommen.

Jetzt geht es erst einmal darum, die folgenden Fragen zu beantworten:

- Welcher Persönlichkeitstyp bist du?
- Mit welchem Bedürfnis/welcher Triebfeder triffst du Entscheidungen für dein eigenes Business?
- Welche Stärken bringst du mit in dein Business?
- Was genau ist dein Thema?
- Welche Persönlichkeit hat deine Zielgruppe und mit welcher Triebfeder trifft sie ihre Kaufentscheidungen?
- Wo genau holst du deine Zielgruppe ab?
- Welche demografischen Unterschiede gilt es noch zu beachten?

Ich werde dich Schritt für Schritt durch diesen Prozess führen und dabei ganz gezielt Fragen stellen. Du kannst – wie gesagt – entweder direkt mitmachen und deine Antworten auf einem Extrablatt notieren oder dir erst einmal alles durchlesen, um es dann später zu bearbeiten.

Los geht es mit der eigenen Persönlichkeit!

Du, deine Persönlichkeit und dein Business

Wundere dich nicht, wenn ich dich in diesem Teil des Buches immer direkt anspreche, denn gerade im Bereich der Grunddefinition ist es ungemein wichtig, wer DU bist. Da wäre jetzt eine anonyme Ansprache nicht so hilfreich.

Fangen wir ganz vorne an: Wenn wir über Social Media zuverlässig neue Kund*innen gewinnen wollen, müssen wir in erster Linie authentisch bleiben. Mit unserer Art ziehen wir nämlich eine bestimmte Gruppe von Menschen an, und da wäre es doch hilfreich, wenn es gleich die richtigen wären.

Wichtig ist, dass du genau so bleibst, wie du bist. Ganz egal, was andere sagen oder denken könnten. Denn wenn wir über Social Media sprechen, dann bist du das Gesicht deines Business, das Aushängeschild.

»Menschen kaufen von Menschen.« Vielleicht hast du diese Aussage bereits schon mal gehört. Um eine Kaufentscheidung zu treffen, müssen wir vertrauen. Und auch wenn alle vier Persönlichkeitstypen verschiedene Wege dafür haben … ohne Vertrauen kein Kauf!

Die Grundlage einer guten Zielgruppendefinition ist daher, bei dir selbst zu beginnen und herauszufinden, welcher Persönlichkeitstyp du bist. Du erinnerst dich: Wir alle haben diese vier Typen in uns. Daher starten wir mit der Frage »Welcher Persönlichkeitstyp tritt bei dir in den Vordergrund, wenn es um dein Business geht?«.

Hier noch mal ein kurzer Überblick über die vier Persönlichkeitstypen:

- **Die rote Persönlichkeit – leistungsorientiert und zielstrebig:** Menschen mit diesem Persönlichkeitstyp wissen, was sie wollen. Sie entscheiden schnell und intuitiv, finden lieber eine Lösung, als dass sie lange über das Problem nachdenken. Für sie ist das

ZIEL das Ziel und komme, was wolle – auch wenn es mal wehtut –, sie werden dieses Ziel erreichen.
Oft finden sich diese Persönlichkeitstypen in Führungspositionen wieder. Sie sind eher Einzelgänger als Teamplayer, stehen gern im Mittelpunkt und können sich sehr gut durchsetzen.

- **Die gelbe Persönlichkeit – unterhaltsam und experimentierfreudig:** Leute dieses Typs probieren gerne neue Dinge aus, sie sind eher experimentierfreudig, arbeiten gern im Team, können aber auch mal allein sein. Aber egal, was sie tun, der Spaß und die Unterhaltung stehen immer im Vordergrund
  Gelbe Persönlichkeiten sind schon mal (sehr) kreativ, bei ihnen ist der WEG das Ziel. Ihnen sind Leichtigkeit, Freude und Glück besonders wichtig. Sie haben immer viele Ideen und verzetteln sich dabei auch schon mal gern.
- **Die grüne Persönlichkeit – harmonisch und entspannt:** Menschen mit diesem Persönlichkeitstyp sind absolute Teamplayer. Sie brauchen die Zugehörigkeit und lieben die Verbindung zu Mensch, Tier und der Natur.
  Grüne Persönlichkeiten lieben den Austausch, versuchen, ihr Leben so harmonisch wie möglich zu gestalten und sind häufig spirituell interessiert.
- **Die blaue Persönlichkeit – logisch und kontrolliert:** Vertreter dieses Typs sind zuverlässig, aber nicht sehr spontan. Sie mögen klare Strukturen, und für sie sind Regeln und eine klare Ordnung sehr wichtig.
  Sie achten auf eine ordentliche Rechtschreibung und brauchen Zertifikate und Zeugnisse, um auf etwas zu vertrauen. Sie sind sehr beständig und suchen gezielt nach Qualität.

Wenn du jetzt über dein Business nachdenkst, was glaubst du: Welcher Persönlichkeitstyp tritt bei dir in den Vordergrund? Was macht dich aus? Es kann sein, dass du dich hier jetzt nicht auf einen Typen festlegen kannst oder willst. Das kann daher kommen, dass deine Bedürfnisse – deine Triebfedern – mit in diese Entscheidung hineinspielen.

Um zu erklären, was ich meine, habe ich hier ein Beispiel:

Eine Kundin von mir ist ganz klar eine gelbe Persönlichkeit. Doch bei der Frage nach ihrer eigenen Persönlichkeit war sie recht unsicher. Sie sagte, da wären nicht nur gelbe, sondern definitiv auch rote Anteile in ihr. Ich fragte sie, wo sie ihren roten Anteil sehen würde. Ihre Antwort war: »Ich möchte unbedingt etwas erreichen mit meinem Business, endlich etwas vorweisen können. Ich will finanziell frei sein.«

Und genau das hat nichts mit ihrer Persönlichkeit an sich zu tun. Das, was sie ausmacht, ist die Lust, immer wieder Neues auszuprobieren. Es fällt ihr schwer, sich lange Zeit auf ein Thema zu fokussieren. Außerdem kann sie es einfach nicht ausstehen, wenn das Gefühl aufkommt, dass sie nicht weiterkommt. Sie ist furchtbar ungeduldig und will sofort einen anderen Weg gehen. DAS ist ihre gelbe Persönlichkeit, das macht sie aus!

Was sie bei sich als roten Anteil wahrgenommen hat, nämlich »endlich etwas erreichen, etwas vorweisen können«, das kam von ihrem Bedürfnis – dem Bedürfnis *Geltung*. Und »Ich will finanziell frei sein« weist auf die Triebfeder *Geld* hin. Sie hat also eine gelbe Persönlichkeit mit dem Bedürfnis *Geltung* und der Triebfeder *Geld*.

Ganz egal, ob du dir mit deiner Persönlichkeit sicher bist oder eher noch unsicher, stell dir bitte die folgenden Fragen:

- Was ist es, das dich als Person ausmacht?
- Wie triffst du Entscheidungen?
- Was treibt dich an?

Das, was dich ausmacht, ist dein Persönlichkeitstyp. Das, was dich dazu bringt, Entscheidungen zu treffen, ist dein Bedürfnis, und das, was dich antreibt, ist die Triebfeder. All das brauchen wir gleich, wenn es darum geht herauszufinden, mit wem du zusammenarbeiten möchtest ... und mit wem besser nicht.

Hier noch mal die Beschreibung der vier Grundbedürfnisse. Vielleicht hilft dir das dabei, Persönlichkeit und Bedürfnis auseinanderzuhalten.

Aber vorher noch mal ein kurzer Reminder: Wir alle haben diese vier Grundbedürfnisse in uns. Doch in verschiedenen Situationen treten unterschiedliche Bedürfnisse in den Vordergrund und bringen uns dazu, Entscheidungen zu treffen.

Zum besseren Verständnis hier ein kurzes Beispiel:

- **Geht es darum, Kunden zu gewinnen,** entscheide ich ganz klar nach dem Bedürfnis *Geltung* und der Triebfeder *Geld.*
- **Geht es um mich als Person,** entscheide ich ganz klar nach dem Bedürfnis *Stimulanz* und der Triebfeder *Selbstverwirklichung.*
- **Geht es um meinen Hund,** entscheide ich ganz klar nach dem Bedürfnis *Gemeinschaft* und der Triebfeder *Harmonie.*
- **Geht es um den Auf- und Ausbau meines Business,** entscheide ich ganz klar nach dem Bedürfnis *Sicherheit* und der Triebfeder *Absicherung.*

Jetzt ist es an dir herauszufinden, mit welchem Bedürfnis du bei dem Thema **Kundengewinnung** entscheidest und was dich dabei antreibt (Triebfeder).

Die Grundbedürfnisse

- **Geltung:** Bei diesem Bedürfnis steht an erster Stelle der Erfolg. Es ist wichtig, etwas erreicht und/oder geschafft zu haben.
  Triebfedern sind hier: *Erfolg/Status* und *Geld.*
  Für die einen ist es zum Beispiel wichtig, erfolgreich zu sein. Sie möchten einen bestimmten Status erreichen.
  Für die anderen ist es wichtig, genug Geld zu verdienen. Entweder um sich abgesichert zu fühlen oder das Leben zu führen, das sie sich wünschen.
- **Stimulanz:** Der Spaß und die Abwechslung sind hier ganz wichtig. Etwas Neues zu erleben oder zu erforschen, steht an erster Stelle. Es geht darum, weiterzukommen und nichts zu verpassen.

Triebfedern sind hier: *Freiheit* und *Selbstverwirklichung.*
Für die einen ist es zum Beispiel wichtig, die Freiheit zu genießen. Sie möchten tun und lassen, was sie wollen, und gerne auch, wann sie es wollen.
Und für die anderen ist es beispielsweise wichtig, sich selbst zu verwirklichen, immer wieder Neues zu entdecken und mitten im Leben zu stehen.

- **Gemeinschaft**: Hier steht das Bedürfnis im Vordergrund, sich mit anderen zu verbinden, mit anderen Menschen, Tieren oder auch mit der Natur im Einklang zu sein.
  Triebfedern sind hier: *Austausch* und *Harmonie.*
  Für die einen ist es beispielsweise wichtig, im Austausch mit anderen zu sein. Sie möchten mit ihnen sprechen, um sich ihre Meinungen anzuhören.
  Und für die anderen ist es dagegen wichtig, alles für einen geliebten Menschen (oder auch ein Tier) zu tun. Es geht darum, dass die Harmonie aufrechterhalten/nicht gestört wird.
- **Sicherheit**: Hier muss alles mit »den rechten Dingen« zugehen. Alles wird zwei- oder gar dreimal geprüft, bevor sich das Gefühl einstellt: »Jetzt ist es gut/richtig.«
  Triebfedern sind hier: *Kontrolle* und *Absicherung.*
  Für die einen ist es zum Beispiel wichtig (zumindest das Gefühl zu haben), alles unter Kontrolle zu halten.
  Und für die andern ist es wichtig, dass auf jeden Fall eine Absicherung in Form von Zertifikaten oder Zeugnissen vorhanden ist.

Schreib dir jetzt bitte auf:

- Welche Persönlichkeit macht dich aus? (Rot – Gelb – Grün – Blau)
- Welches der vier Grundbedürfnisse (Geltung – Stimulanz – Gemeinschaft – Sicherheit) sorgt dafür, wie du beim Thema Kundengewinnung deine Entscheidungen triffst?
- Welche Triebfeder wird dich immer wieder dazu bringen, diese Entscheidungen zu treffen?

Warum ist es so wichtig zu wissen, welches der Grundbedürfnisse dafür sorgt, wie wir bei dem Thema Kundengewinnung unsere Entscheidungen treffen?

Es geht darum herauszufinden, womit du während des Prozesses der Zielgruppendefinition zu kämpfen haben wirst. Du erinnert dich noch an mein Beispiel? Ich habe mich immer und immer wieder für die Zielgruppe entschieden, die im Problembewusstsein steckt und für die das Thema Zielgruppe nicht wirklich interessant ist. Das waren für mich die Menschen, die ich als sicher empfunden habe. Diese Zielgruppe ist riesig, und das hat in mir die Schlussfolgerung bestärkt: Je mehr Menschen in meiner Zielgruppe sind, umso größer ist die Chance, Kunden darüber zu gewinnen.

Somit habe ich einzig nach dem Bedarf entschieden und nicht nach meinem Gefühl. Und sobald wir nach dem Bedarf entscheiden, landen wir immer wieder an einem Punkt, an dem es für uns einfach nicht weitergeht. Das liegt daran, dass unsere Triebfeder sehr dominant ist.

Meine Triebfeder ist Geld, dementsprechend konnte ich lange Zeit gar nicht anders, als mich immer und immer wieder für die vermeintlich sichere Zielgruppe zu entscheiden. Denn meine Triebfeder bringt mich nur aus einem Grund dazu, diese Entscheidungen zu treffen: Angst! Kein Geld zu verdienen oder einfach nur (für mein Empfinden) nicht genug Geld auf dem Konto zu haben, hat in mir große Ängste ausgelöst.

Beim Thema Zielgruppe, müssen wir uns – gerade zu Beginn – viel mit unseren tiefsten Ängsten auseinandersetzen. Denn die folgenden Fragen werden immer wieder aufkommen:

- Ist das auch die richtige Zielgruppe?
- Bin ich hier auf dem richtigen Weg?
- Was ist, wenn ich die falsche Entscheidung treffe?

Aber all diese Fragen können wir uns erst beantworten, wenn wir den persönlichen Kontakt mit unserer Zielgruppe herstellen. Vorher gibt es darauf keine klare Antwort. Diese Fragen kommen sowieso, ganz egal, was du tust. Daher ist es wichtig, dass du während der Definition versuchst, ganz auf dein Bauchgefühl zu hören und einfach mal loszulaufen. Versuche, deine Ängste und Fragen zu verdrängen. Es passiert doch noch gar nichts. Bevor du alles wieder über den Haufen wirfst, aus Angst nicht die richtige Entscheidung getroffen zu haben, gib dem Ganzen eine Chance.

Denk immer dran: Nur wenn du dich ausprobierst, kannst du am Ende sagen, ob es die richtige Entscheidung/Zielgruppe war oder eben nicht. Zielgruppenfindung ist Trial and Error. Man muss einfach ausprobieren und gegebenenfalls aus den gemachten Fehlern lernen. Wie heißt es so schön? »Kenne deinen Feind!«

Und dein Grundbedürfnis inklusive der Triebfeder (wenn es um deine Kundengewinnung geht) werden sehr wahrscheinlich in dieser Phase der Grunddefinition dein größter Feind sein. Daher möchte ich, dass du dir bewusst bist, warum du Entscheidungen für dein Business und ganz besonders für die Kundengewinnung triffst. Denn wenn du dir dessen bewusst bist, kannst du die Ängste viel leichter einordnen, um dann fokussiert weiterzugehen.

Die Stärken

Welche Stärken bringst du mit in dein Business? Auch hier habe ich vier für dich zur Auswahl. Schreibe dir diejenigen auf, bei denen du dir sicher bist, dass sie auf dich zutreffen. Lass diejenigen weg, bei denen du dir unsicher bist. Es geht nicht darum, alle vier auf deinem Zettel zu haben. Auch hier gibt es weder gut noch schlecht, es ist lediglich eine Bestandsaufnahme.

- **Fokus und Struktur**: Es fällt dir leicht, den Fokus und die Struktur zu behalten. Du gehst Schritt für Schritt deinen Weg und schaffst dir so einen Überblick.
  Du bist lösungsorientiert und hast keine Angst davor, Fehler zu machen oder zu scheitern. Auch wenn es mal ein schlechter Tag ist, du schaffst es, den Fokus auf das zu richten, was du beeinflussen kannst. Für dich geht es immer weiter.

- **Führungspersönlichkeit**: Es fällt dir leicht, eine Gruppe von Menschen zu führen, und du fühlst dich wohl in deiner Führungsrolle.
  Du bist emphatisch und weißt, wie du mit Menschen umgehen kannst. Du weißt dich durchsetzen, aber auch, wann es Zeit ist nachzugeben.
- **Kontinuität**: Für dich ist Beständigkeit sehr wichtig. Du bist Meister*in in Planung und Organisation. Regeln sind für dich wichtig, und du achtest sehr auf Ordnung.
  Bei dir muss alles logisch und klar sein. Man könnte also sagen, du bist definitiv ein Kopfmensch.
- **Harmonie**: Du kannst wahnsinnig gut mit Menschen umgehen. Du liebst es, anderen zu helfen und sie zu unterstützen. Für dich steht die Harmonie im Vordergrund
  Sobald du das Gefühl hast, etwas stört diese Harmonie, gibst du alles daran, sie wiederherzustellen. Du behauptest von dir, ein absoluter Bauchmensch zu sein.

Und, welche Stärken bringst du mit? Eine, zwei … oder alle vier?

Du erinnerst dich bestimmt noch daran, dass ich dir im Theorieteil erzählt habe, dass die unterschiedlichen Persönlichkeiten deiner Zielgruppe bestimmte Schwächen mit in eure gemeinsame Zeit bringen. Zusammengefasst solltest du jetzt also Folgendes wissen:

- Welche Persönlichkeit macht dich aus?
- Welches Bedürfnis treibt dich an, wenn es um Kundengewinnung geht?
- Was ist deine Triebfeder, wenn es um Kundengewinnung geht?
- Welche Stärken bringst du mit in eure zukünftige Zusammenarbeit?

Notiere dir dies alles auf einem Extrablatt. Wir werden es später noch brauchen.

Die Persönlichkeit deiner Zielgruppe

Jetzt geht es in erster Linie darum herauszufinden, wer zu dir auf der zwischenmenschlichen Ebene passt.

Zum einen ist es wichtig, dass du aus dem Bauch heraus entscheidest, welcher Persönlichkeitstyp am besten zu dir passt. Du solltest bei deiner Wahl auf keinen Fall die Schwächen der unterschiedlichen Typen aus den Augen verlieren.

Damit du eine Entscheidung treffen kannst, habe ich dir hier noch mal eine kurze Übersicht zu den Stärken der unterschiedlichen Persönlichkeiten erstellt. Was, glaubst du, passt am besten zu dir?

- **Rot** – zielstrebig, leistungs- und lösungsorientiert
- **Gelb** – spontan, euphorisch
- **Grün** – Teamplayer, liebt den Austausch in der Gruppe
- **Blau** – zuverlässig, klar, tut, was gesagt wird

Notiere es dir bitte.

Um dir noch einmal einen Überblick über die Schwächen der einzelnen Persönlichkeitstypen und die Stärken, mit denen du sie ausgleichen kannst, zu verschaffen, sehe dir ruhig noch einmal die Liste auf Seite 48f. oder 54f. an.

Es liegt ganz an dir, mit welcher Zielgruppe du in Zukunft arbeiten möchtest. Entscheide aber bitte nicht anhand deiner Triebfeder, zum Beispiel: »Ich möchte schnell viel Geld verdienen, daher entscheide ich mich für die rote Zielgruppe.«

Wenn du mit diesen Menschen nicht umgehen kannst, wirst du zum einen keine Freude dabei haben und zum anderen definitiv kein Geld verdienen.

Die Werte deiner Zielgruppe

Wenn ich von Werten spreche, meine ich nicht die ethisch-moralischen Werte, sondern jetzt reden wir über die Triebfedern deiner Zielgruppe.

Jede Zielgruppe hat besondere Trigger (Auslöser), die bei ihr ein HABEN-WILL-Gefühl auslösen.

Erinnerst du dich noch an die vier verschiedenen Aussagen zum Thema Zielgruppenpsychologie?

1. Zielgruppenpsychologie ist so gut wie unbekannt. Ihr Einsatz in deiner Zielgruppendefinition kann dir große **Vorteile gegenüber deiner Konkurrenz** bringen.
2. Zielgruppenpsychologie sorgt dafür, dass deine Verkäufe **leichter und freier** werden.
3. Zielgruppenpsychologie kann die Ergebnisse deiner Kundengewinnung klar verbessern. Du kannst **dir sicher sein**, dass du damit regelmäßig zahlende Kund*innen gewinnst.
4. Zielgruppenpsychologie hilft dir dabei, **deine Kund*innen besser zu verstehen**. So kannst du ihnen in Zukunft besser helfen.

Welche dieser Aussagen hat dich am meisten angesprochen?

Hast du dich für Aussage 1 entschieden (Vorteile gegenüber deiner Konkurrenz), dann ist ganz klar die rote Triebfeder dafür verantwortlich. Ein Vorteil gegenüber deiner Konkurrenz gibt dir das Gefühl, entweder schneller erfolgreich zu werden oder mehr Geld zu verdienen (als die anderen) – oder beides.

Hat Aussage 2 dich besonders angesprochen (leichtere und freiere Verkäufe), dann hat hier die gelbe Triebfeder die Entscheidung getroffen. Du weißt, das Thema Zielgruppendefinition ist wichtig, aber du möchtest es gern mit Spaß und Leichtigkeit angehen. Dir ist wichtig, dass der Verkaufsprozess für dich nicht zu anstrengend wird.

Hast du Aussage 3 gewählt (sicher sein), dann hat die blaue Triebfeder entschieden. Du brauchst eine klare Struktur für deine Kundengewinnung, die dir die Sicherheit gibt, damit regelmäßig zahlende Kunden zu gewinnen.

Hast du dich für Aussage 4 entschieden (deine Kund*innen besser verstehen), dann hat die grüne Triebfeder die Wahl für dich getroffen. Dir ist es wichtig, dass du deinen Kund*innen auch wirklich helfen kannst. Geld ist natürlich auch wichtig, aber bei dir steht das Glück deiner Kund*innen im Vordergrund.

Wie du siehst, kannst du mit bestimmten Worten bestimmte Gedanken bei deiner Zielgruppe auslösen. Diese Gedanken lösen wiederum ihre Trigger aus. Und diese Trigger sorgen dafür, dass sie sich für dein Angebot entscheidet.

Wichtig wird die Triebfeder unserer Zielgruppe bei der Formulierung der Kundenansprache. Denn diese wird nicht, wie fälschlicherweise oft angenommen, nach der Persönlichkeit formuliert, sondern nach der Triebfeder.

Die richtige Triebfeder finden

Und mal wieder heißt es: Das liegt ganz bei dir! Denn für jedes Thema gibt es unterschiedliche Triebfedern, mit der unsere Zielgruppe Kaufentscheidungen trifft.

Auch hier habe ich ein Beispiel für dich, das dir dabei helfen soll zu verstehen, was ich meine:

Stell dir vor, du möchtest einen Kurs anbieten, in dem deine Zielgruppe lernt, wie sie ihre eigene Website in vier Wochen erstellen kann.

Menschen mit einer roten Triebfeder würden sich für diesen Kurs entscheiden, weil sie Geld sparen wollen, denn die Erstellung der eigenen Website durch einen Profi kann sehr teuer werden.

Menschen mit einer gelben Triebfeder würden diesen Kurs besuchen, weil sie etwas Neues lernen. Hier steht das Lernen im Vordergrund.

Menschen mit einer grünen Triebfeder möchten eine Website erstellen, mit deren Inhalt sie ihre Zielgruppe unterstützen wollen. Hier geht es in erster Linie darum, etwas zu erstellen, um im Anschluss der eigenen Zielgruppe wirklich gut helfen zu können.

Menschen mit einer blauen Triebfeder würden sich für diesen Kurs entscheiden, weil sie die Kontrolle über ihre Website behalten wollen. Lässt man seine Website von einem Profi erstellen, weiß man nicht, wie man sie bearbeiten kann, und man braucht weiterhin Unterstützung.

Die für die jeweiligen Zielgruppen passenden Formulierungen könnten dann folgendermaßen aussehen:

- **Rot:** Spar dir das Geld und lerne, wie du deine Website ganz einfach und schnell selbst erstellen kannst.
- **Gelb:** Lerne zu verstehen, wie deine Website aufgebaut ist.
- **Grün:** Erschaffe einen Platz, an dem deine Zielgruppe sich all die Informationen holen kann, die sie braucht.
- **Blau:** Lerne, deine eigene Website zu erstellen, um im Anschluss alle Änderungen selbst durchführen zu können.

Und genau so kannst du für jedes Thema unterschiedliche Triebfedern finden. Daher ist es im Prinzip egal, welches Thema du behandeln willst. Die Persönlichkeit kann bei allen Triebfedern gleich sein und ist somit nicht ausschlaggebend bei der Formulierung der Kundenansprache. Also ist es an dir, zu entscheiden, mit welchen Triebfedern du am liebsten arbeiten möchtest.

UND JETZT BIST DU DRAN:

- Welche Persönlichkeit hast du dir für deine Zielgruppe ausgesucht?
- Kannst du ihre Schwächen mit deinen Stärken ausgleichen?
- Mit welcher Triebfeder entscheidet deine Zielgruppe?

Dein Thema

Für viele Menschen ist das Thema um einiges wichtiger als die eigene Zielgruppe. Das ist auch verständlich, denn mit ihrem Thema kennen sie sich (hoffentlich) so richtig gut aus. Also legen sie ihr Augenmerk beim Start ins Business erst einmal auf das Thema, womit sie dann gerne auch mal Tage, wenn nicht sogar Wochen verbringen.

Und genau das werden wir nicht tun. Denn für die Definition der eigenen Zielgruppe reicht es erst mal, wenn wir grob wissen, in welche Richtung es gehen soll. Das Gute ist nämlich, dass sich deine Zielgruppe später um die Details deines Angebotes kümmern wird. Sie entscheidet, wie und was genau gebraucht und gewollt wird.

Wir kümmern uns jetzt darum, dass du dich für EIN Thema entscheidest. Denn das ist immer wieder ein (großes) Problem. Viele Selbstständige haben gleich mehrere Themen, die sie anbieten wollen. Aber wie ich immer sage:

ein Thema, eine Zielgruppe, ein Account, eine Sprache!

Um deine Zielgruppe später direkt und persönlich ansprechen zu können, solltest du dich erst einmal auf ein Thema beschränken.

Es gibt zwei Gründe, warum Menschen sich nicht auf ein Thema festlegen können/wollen:

1. Sie glauben, dass sie auf diesem Weg mehr Menschen ansprechen können, um im Umkehrschluss mehr Geld zu verdienen/erfolgreicher zu werden.
2. Sie haben Angst davor, die falschen Entscheidungen zu treffen.

Allerdings würden die meisten Menschen diese beiden Aussagen so niemals laut äußern. Meine Zielgruppe formuliert das zum Beispiel folgendermaßen:

- Ich kann doch so viel, und das möchte ich auch anbieten.
- Ich möchte ganzheitlich arbeiten.
- Ich weiß nicht, wie ich diese Themen trennen soll.
- Ich möchte mich von keinem Thema trennen.
- UND bei anderen geht das doch auch.

Fakt ist: Wenn du kaum sichtbar bist – dich noch nicht so viele Menschen kennen –, ist es wichtig, dich erst einmal auf EIN Thema zu fokussieren. Mach dir einen Namen mit diesem Thema, mach dich sichtbar für deine Zielgruppe und vergrößere so deine Reichweite.

Falls du mit den Worten »Sichtbarkeit« und »Reichweite« nichts anfangen kannst, hier eine kurze Erklärung:

Sichtbarkeit bedeutet, wie das Wort schon sagt, dass wir für unsere Zielgruppe sichtbar sind. Das heißt aber jetzt NICHT, dass es reicht, dass sie uns SEHEN. Es geht darum, dass sie uns WAHRNEHMEN, dass wir ihr Interesse wecken. Und das erreichen wir nur durch eine klare und gute Kundenansprache.

Nur wenn sich unsere Zielgruppe von unseren Beiträgen, Texten und Angeboten direkt und persönlich angesprochen fühlt, wird sie uns auch ihre Aufmerksamkeit schenken. Und damit werden wir für sie sichtbar!

Reichweite bedeutet, dass wir unsere Beiträge auf Social-Media-Plattformen oder unserer Website im Netz einer großen Zahl von Menschen zur Verfügung stellen.

Viele behaupten: »Je mehr Menschen die Beiträge/Website sehen, umso mehr werden wir sichtbar!« Glaubst du, dass diese Aussage stimmt?!

Nein, tut sie nicht! Im Prinzip kann man das folgendermaßen vergleichen: Wir haben ein Ladengeschäft in der Innenstadt mit riesigen Schaufenstern. Dort laufen am Tag mehrere Hundert Menschen vorbei, und alle schauen in unser Schaufenster. Fühlt sich jetzt aber niemand von der Auslage im Schaufenster angesprochen, laufen sie einfach weiter. Sie werden nicht in den Laden kommen, um sich weiter umzuschauen … geschweige denn, irgendetwas von uns kaufen.

Und genauso ist das auch mit der Reichweite auf Social Media. Nur weil viele draufschauen, heißt das noch lange nicht, dass wir damit viele neue Kund*innen gewinnen. Wichtig ist, dass die richtigen Menschen dich sehen.

Was kommt zuerst: Sichtbarkeit oder Reichweite?

Meiner Meinung nach macht es Sinn, erst für eine kleine Gruppe von Menschen sichtbar zu werden, nämlich einer gut ausdefinierten Zielgruppe. Das sollten die Menschen sein, die perfekt zu uns und unserem Angebot passen. Wenn das geschafft ist – wir also regelmäßig die RICHTIGEN Menschen anziehen mit unseren Beiträgen/unserer Website –, dann erst macht es Sinn, die Reichweite zu vergrößern. Und genau das ist um einiges einfacher, wenn du dir nicht den allseits bekannten Bauchladen umbindest, sondern dich auf EIN Thema fokussierst.

Später, wenn du sichtbar bist, dann kannst du Schritt für Schritt dein Thema erweitern, das ist überhaupt kein Problem. Wenn du die Big Player deiner Branche mit ihren vielen verschiedenen Angeboten siehst, dann verlockt das schnell dazu, selbst viel anzubieten. Denn: Was die können, das kannst du auch! Richtig?

Falsch! Auch die Big Player deiner Branche haben mal klein angefangen, und zwar mit nur einem Thema. Erst als das sicher lief, haben sie ihr Angebot erweitert.

So, jetzt aber wieder zurück zu deinem Thema: Wenn du mehrere Themen zur Auswahl hast oder noch nicht genau weißt, in welchem Bereich du tätig sein willst, dann habe ich hier ein Beispiel für dich. Dieses Beispiel beruht auf einem Erstgespräch mit einer Kundin und es zeigt sehr gut, wie du dich für eins deiner Themen entscheiden kannst.

Meine Kundin – nennen wir sie mal Petra – möchte gern Coaching anbieten. Als ich sie nach ihrem Thema fragte, bekam ich folgende Antwort:

- Ganz vorn steht Gesundheit. Das ist mir ein ganz großer Herzenswunsch. Ich möchte in erster Linie Alternativen zur Schulmedizin aufzeigen.

- Dann generell das Thema Selbstliebe – wie man aus einer toxischen Beziehung aussteigen kann.
- Aber auch noch wichtig ist, wie man mit Menschen im näheren Umfeld umgeht, die eine Suchtproblematik haben.
- Und Spiritualität ist das Oberthema. Das darf auf keinen Fall fehlen.

Damit hatte sie drei komplett unterschiedliche Themen, die sie alle mit dem Oberbegriff »Spiritualität« deckeln wollte. Die Problematik daran war: Jedes dieser Themen hatte (mindestens) eine völlig andere Zielgruppe. Daher war es dringend nötig, einmal aufzuräumen.

Randnotiz: Auch wenn du denkst, dass all deine Themen zu einer Zielgruppe passen, denke noch mal darüber nach, an welcher Haltestelle du diese Gruppen abholst. Stehen sie alle an derselben Haltestelle? Sehr wahrscheinlich nicht, denn deine verschiedenen Themen sorgen schon dafür, dass zu ihnen auch verschiedene Haltestellen gehören. Wenn du dann noch darüber nachdenken musst, ob die Leute sich im Problem- oder im Lösungsbewusstsein befinden und wo dort genau …

Du siehst also, unterschiedliche Themen machen die direkte Kundenansprache fast unmöglich.

Zurück zu Petra – ich habe sie dann gefragt:

- Welches dieser Themen beschäftigt dich am meisten?
- Wovon kannst du stundenlang sprechen?
- Bei welchem Thema fühlst du dich am wohlsten und kannst dich regelrecht in Rage reden?

Das war für Petra ganz klar das Thema Gesundheit. Gesundheit ist aber noch ein ziemlich großer Überbegriff, also mussten wir noch ein wenig tiefer graben. Was uns dann zur alternativen Medizin brachte.

Dieses Thema ist zwar nicht mehr ganz so groß wie Gesundheit, aber trotzdem immer noch nicht klar genug definiert. Deshalb musste Petra sich jetzt fragen, um welchen Bereich in der alternativen Medizin es genau gehen sollte. Mit welchen Problemen hat ihre Zielgruppe zu kämpfen?

Hier hat sie erst mal eine Menge erzählt, doch in einem Nebensatz kam folgende Aussage: »Ich möchte Menschen helfen, die den Glauben an die Schulmedizin verloren haben, weil diese es nicht geschafft hat, ihre Schmerzen zu lindern.«

Und schon hatten wir ihr Thema: alternative Schmerztherapie.

Natürlich könnten wir jetzt noch tiefer ins Thema einsteigen und uns fragen, um welche Schmerzen es im Detail gehen soll. Doch das war zu diesem Zeitpunkt noch gar nicht notwendig. Außerdem war sie sich bei der Frage, über welche Schmerzen wir reden, noch sehr unsicher. Daher haben wir beschlossen, diese Frage in die Hand ihrer Zielgruppe zu legen. Und so wurde dieser Part in die Umfrage aufgenommen.

Dort haben wir abgefragt, welche Schmerzen die Frauen, die sich von ihrer Umfrage angesprochen fühlten, am häufigsten quälen. Und anhand der Antworten konnte Petra dann entscheiden, welche Frauen – mit welchen Schmerzen – am besten zu ihr passen. So hatte sie das große Ganze im Auge und musste sich nicht auf den Schmerztyp fokussieren.

Wenn du dir bereits absolut sicher bist, welches Thema in welchem Bereich du anbieten möchtest, dann ist alles klar. Doch wenn du dir noch unsicher bist, dann kannst du solche Entscheidungen einfach in die Hände deiner Zielgruppe legen. Du wirst viele Antworten bekommen und kannst anhand ebendieser entscheiden, wie es weitergehen soll.

UND JETZT BIST DU DRAN:

Für welches Thema hast du dich entschieden?

Ist es ein Oberbegriff wie: »Gesundheit«, »Spiritualität«, »Selbstständigkeit«, »Mutterschaft«? Dann solltest auch du noch mal schauen, in welchem Bereich genau du arbeiten willst und welche Probleme deine zukünftige Zielgruppe hat.

Manchmal ist es hilfreich, wenn du deinen Gedanken freien Lauf lässt und dir alles ausführlich aufschreibst. Denn so fallen dir sehr wahrscheinlich beim Schreiben Kleinigkeiten auf, die du beim einfachen Drüber-Nachdenken »übersehen« hättest.

Nebensätze, die auf den ersten Blick unwichtig erscheinen, könnten hier schon den Ausschlag geben. Mache dir also Notizen, denn diese brauchen wir später noch für deinen Status quo.

Wo holst du deine Zielgruppe ab?

Diese Frage ist der Dreh- und Angelpunkt bei der Zielgruppendefinition. Denn zum einen kannst du mit dieser Frage feststellen, ob und wie viele unterschiedliche Zielgruppen und Themen du eigentlich hast, und zum anderen hilft sie dir dabei, die eine Haltestelle zu finden, die du anfahren möchtest. Du erinnerst dich: An jeder Haltestelle stehen Menschen mit den unterschiedlichsten Persönlichkeiten, Hintergründen, Bedürfnissen und so weiter. Es geht darum, die Menschen zu finden, mit denen du zukünftig zusammenarbeiten willst!

Wie in den vorherigen Kapiteln hier noch mal die Übersicht der verschiedenen Haltestellen, der verschiedenen Bewusstseinsebenen, an denen du deine Zielgruppe abholen kannst.

Befindet sich deine Zielgruppe im Problembewusstsein, dann …

- weiß sie, dass sie ein Problem hat, aber nicht, dass es dafür speziell eine Lösung gibt.
- weiß sie, dass sie ein Problem hat, sucht aber nicht aktiv nach einer Lösung.
- weiß sie, dass sie ein Problem hat, nimmt es aber in Kauf, weil sie die Lösung mit Anstrengung und/oder Schmerz in Verbindung bringt.

Diese Zielgruppe weiß zwar, dass es ein Problem gibt, nimmt dieses aber völlig anders wahr.

Daher ist es wichtig, bei dieser Zielgruppe den Fokus deiner Arbeit auf ÜBERZEUGUNG zu legen.

Das wahrgenommene Problem deiner Zielgruppe ist sehr wahrscheinlich nicht das tatsächliche Problem. Nehmen wir noch mal das Beispiel »schlecht schlafen«: Deine Zielgruppe denkt, sie schläft schlecht, weil ihr Kissen zu flach ist. Doch das tatsächliche Problem ist, dass sie tagsüber so viel Stress hat und sie die Gedanken nachts nicht loslassen.

Wenn du dieser Zielgruppe nun deine Lösung der Stressreduktion vorstellst, fühlt sie sich nicht angesprochen, denn sie hat ja kein bewusstes Problem mit Stress, sondern mit dem Kissen. Das bedeutet: Du musst sie erst einmal sanft vom wahrgenommen zum tatsächlichen Problem führen, um ihr im Anschluss die Folgen ihres Problems bewusst zu machen.

Damit führst du deine Zielgruppe ins Lösungsbewusstsein. Aber natürlich kannst du dir auch direkt eine Zielgruppe im Lösungsbewusstsein aussuchen.

Befindet sich deine Zielgruppe im Lösungsbewusstsein, dann …

- kennt sie ihr tatsächliches Problem, aber die Lösung dazu noch nicht. Sie ist aktiv auf der Suche.
- kennt sie ihr tatsächliches Problem und die für sie passende Lösung. Sie möchte sich aber erst ausführlich darüber informieren.
- kennt sie bereits die passende Lösung für ihr Problem, kann sie aber nicht alleine umsetzen.
- hat sie die für sie passende Lösung bereits umgesetzt, konnte ihr Problem damit aber nicht lösen.

Diese Zielgruppe kennt das tatsächliche Problem und ist aktiv auf der Suche nach einer Lösung.

Hier kannst du direkt mit deiner Expertise starten, und der Fokus deiner Arbeit sollte auf VERTRAUENSAUFBAU liegen. Denn es wird sicherlich ein paar mehr Angebote auf dem Markt geben, die deinem ähnlich sind. Lenke den Fokus deiner Zielgruppe daher auf DEINE Lösung.

Wie bereits erwähnt, gibt es an diesem Punkt kein »richtig« oder »falsch«, kein »gut« oder »schlecht«. Jede Zielgruppe – ob im Problembewusstsein oder auch im Lösungsbewusstsein – hat ihre Vor- und Nachteile. Es kommt ganz darauf an, wo du sie abholen möchtest.

Möchtest du die Menschen gern zu der (für sie) richtigen Lösung auf ihrem Weg dorthin begleiten, dann starte mit einer Zielgruppe im Problembewusstsein. Hast du keine Lust auf Überzeugungsarbeit, dann ist eine Zielgruppe im Lösungsbewusstsein für dich die richtige.

UND JETZT BIST DU DRAN:

An welcher Haltestelle holst du deine Zielgruppe ab? In welchem Bewusstseinszustand befindet sich deine Zielgruppe?

Problembewusstsein oder Lösungsbewusstsein?

Und wo genau steht sie gerade?

Beispiel: Meine Zielgruppe befindet sich im Lösungsbewusstsein, kennt die für sie passende Lösung, kann sie aber alleine nicht umsetzen.

Auch diese Antwort brauchen wir später für deinen Status quo.

Weitere Unterschiede bei der eigenen Zielgruppe

Kleine Unterschiede können Großes bewirken! Das gilt auch für die Unterschiede in der eigenen Zielgruppe.

Wir haben bisher über die verschiedenen Persönlichkeiten, Bedürfnisse, Triebfedern und Haltestellen deiner Zielgruppe gesprochen, jetzt schauen wir uns mal die demografischen Unterschiede an. Jede einzelne Zielgruppe hat noch unterschiedliche Hintergründe, Wünsche und Träume, Ziele, Herausforderungen, Probleme oder Bedürfnisse.

Anhand der folgenden sieben Zielgruppen möchte ich beispielhaft die möglichen Unterschiede aufzeigen. Du kannst ja selbst, wenn du auf Social Media unterwegs bist, mal schauen, ob dir Unterschiede auffallen.

Ich höre immer wieder von meinen Workshop-Teilnehmern: »Das ist, als hätte ich die Büchse der Pandora geöffnet. Ich lese nur noch Unterschiede in den verschiedenen Zielgruppen!«

Und nun legen wir los. Einer der wichtigsten Unterschiede ist:

Männer und Frauen

Sätze wie »Ich unterstütze Männer und Frauen« oder auch »Ich helfe Menschen« kommen sehr häufig vor. Die Problematik dabei ist: Männer und Frauen brauchen eine jeweils völlig andere Ansprache – verbal und auch nonverbal.

Männer bevorzugen sachliche Ansprachen – nicht zu viel drum herum erzählen. Wohingegen die meisten Frauen emotionale Ansprachen bevorzugen. Natürlich können sich auch Männer von emotionalen und Frauen von sachlichen Ansprachen angezogen fühlen, aber wir legen unseren Fokus jetzt mal auf die Mehrheit.

Sachlich, fachlich oder emotional bezieht sich nicht nur auf die einzelnen Worte und die Länge der Beiträge, sondern auch auf die Bildgestaltung, auf die unterschiedlichen Farben und psychologischen Herangehensweisen.

Du siehst also, um deine Zielgruppe direkt ansprechen zu können – verbal sowie nonverbal –, solltest du hier eine klare Entscheidung treffen: Männer oder Frauen.

Auch gern vermischt werden:

Online- und Offlinebusiness

Solange du über Social Media deine Kund*innen gewinnen willst, solltest du auch hier eine Entscheidung treffen.

Nehmen wir als Beispiel die Inhaberin eines Ladengeschäftes für Kinderbekleidung und eine Frau, die (selbst genähte) Kinderkleidung über Instagram vertreiben möchte. Beide Frauen wollen über Social-Media-Kanäle Kund*innen gewinnen, aber beide haben einen völlig anderen Hintergrund.

Die Inhaberin des Ladengeschäftes möchte (lokal) für ihr Geschäft werben, sodass die Kund*innen direkt zu ihr in den Laden kommen. Sie kämpft sehr wahrscheinlich mit dem Problem des Ladensterbens in der Innenstadt und möchte über diesen Weg wieder mehr Kund*innen in ihr Geschäft führen.

Die Frau, die (selbst genähte) Kinderkleidung über Instagram anbieten möchte, braucht eine große Reichweite, um genügend Menschen in ihren Onlineshop zu bekommen.

Beide Frauen zeigen viele Bilder der Kinderkleidung auf ihrem Account, denn beide haben das gleiche Angebot. Aber der Hintergrund, warum sie Unterstützung brauchen, ist ein vollkommen anderer. Wenn also die Entscheidung für dich ansteht, ob online oder offline, dann triff sie.

Der größte Unterschied besteht zwischen:

Produkt und Dienstleistung

Sehr viele Coaches machen hier keinerlei Unterschiede, obwohl beide Zielgruppen völlig andere Herausforderungen haben. Nehmen wir folgendes Beispiel:

Auf der einen Seite haben wir einen Coach für Entspannungstechniken und auf der anderen Seite wieder die Dame, die ihre (selbst gemachte) Kinderkleidung über Social Media vertreiben möchte. Beide brauchen Sichtbarkeit und Reichweite, um überhaupt Geld zu verdienen. Doch für beide gibt es völlig unterschiedliche Wege, dies zu erreichen.

Um als Coach sichtbar zu werden, ist Content Marketing das A und O. Das bedeutet, man erstellt kostenfreie Inhalte für die Zielgruppe, die im besten Fall viel Mehrwert bieten. Als Coach erstellt man über Social Media Beiträge, die der Zielgruppe sofort einen Benefit liefern, und diese Beiträge vermitteln bestenfalls den eigenen Expertenstatus.

Aber wie will man Mehrwert für die Zielgruppe liefern, wenn man selbst genähte Kinderkleidung verkauft? Richtig ... gar nicht! Das funktioniert auf diesem Weg nämlich überhaupt nicht.

Geht es darum, (selbst gemachte) Produkte über Social Media anzubieten, ist Storytelling der richtige Weg. Es ist wichtig, in Erinnerung zu bleiben. Denn kaum jemand ist heute in den sozialen Medien unterwegs, um gezielt einzukaufen. Dafür gibt es andere bekannte Plattformen.

Das bedeutet: Es gibt große Unterschiede zwischen Dienstleister*innen und Produktanbieter*innen, wenn es darum geht, sichtbar zu werden. Also ist hier zu beachten: Solltest du ein Angebot haben, das beide Zielgruppen nutzen können, wäre es hilfreich, wenn du dich für den Anfang für eine Zielgruppe entscheiden würdest.

Dann wäre da noch:

Unterschiede im Alter

Wenn ich Menschen frage, wer denn ihre Zielgruppe ist, kommt zu 99,99 Prozent die Antwort: »Frauen/Menschen ... im Alter von x bis y.« Da gehen die Spannweiten auch schon mal über mehrere Jahrzehnte.

Hier solltest du den Fokus auf das Wording der einzelnen Generationen setzen. Denn jede Generation nutzt andere Worte, Redensarten und Formulierungen. Im Prinzip ist es für dich wichtig zu wissen, in welcher Altersgruppe sich deine Zielgruppe bewegt. Und dieses Zeitfenster sollte nicht mehr als zehn Jahre betragen.

ABER GANZ WICHTIG: Es geht nicht darum, nachher sagen zu können: »Ich unterstütze Menschen zwischen x und y…«, sondern es geht nur darum, dass DU eine Vorstellung hast, wie alt deine Zielgruppe ist. Denn wie gesagt, bei Zielgruppendefinition geht es in erster Linie darum, die richtige Kundenansprache zu formulieren.

Ein Beispiel: Eine Kundin von mir hat sich auf Instagram für Grundlagen-Coaching für Frauen 50+ entschieden. Das ist ihre Positionierung. Natürlich bekommt sie auch Anfragen von Frauen, die noch keine 50 sind, die sich aber von der Art, wie sie sich präsentiert, angesprochen fühlen. Und selbstverständlich dürfen diese Frauen auch an ihrem Workshop teilnehmen, auch wenn sie noch keine 50 Jahre alt sind.

Sie hat sich für die Definition ihrer Zielgruppe das Zeitfenster 45 bis 55 gesetzt – sie selbst ist 52 Jahre alt. So war es ihr möglich, in ihrem gewohnten Wording zu bleiben, ohne sich Gedanken machen zu müssen, ob ihre Zielgruppe sie versteht.

Fun Fact: Immer wenn sie gefragt wird, ob man zum Beispiel auch mit 35 am Workshop teilnehmen kann, ist ihre Antwort: »Ich mache keine Passkontrolle!«

Und genau darum geht es. Die Altersangabe soll DIR helfen, ein Bild zu bekommen von den Menschen, die zu deiner Zielgruppe gehören. Nicht mehr, nicht weniger! Ich gebe immer den Rat: Suche dir eine Zielgruppe, die +/– 5 Jahre um dein eigenes Alter liegt.

Dann gibt es noch spezifischere Unterteilungen, die vielleicht nicht jeden betreffen, die aber dennoch sehr wichtig sind:

Selbstständige*r und Unternehmer*in und Führungskräfte

Oft lese ich: »Ich unterstütze Selbstständige und Unternehmer*innen.« Und auch hier gibt es einige Unterschiede bei den Hintergründen und Herausforderungen der jeweiligen Zielgruppe.

Um es ganz grob zu sagen:

- Selbstständige arbeiten IM Business.
- Unternehmer*innen arbeiten AM Business.

Was meine ich damit?

Wenn du selbstständig bist, arbeitest du noch selbst in deinem Business mit. Ganz egal, ob du Angestellte hast oder ganz alleine bist. Solange du im Tagesgeschäft mitarbeitest, giltst du als selbstständig.

Erst wenn du anfängst, an deinem Business zu arbeiten – also nur noch strategisch und nicht mehr operativ –, dann giltst du als Unternehmer*in.

Nehmen wir mal das Beispiel Finanzen:

Der Fokus von Selbstständigen liegt darauf, am Ende des Monats genug Umsatz zu machen, um alle Kosten zu decken. Es geht darum, das Business aufzubauen.

Bei Unternehmer*innen geht es zwar auch darum, am Ende alle Kosten zu decken, doch der Fokus liegt darauf, das eigene Business zu skalieren – zu vergrößern.

Damit sich in diesem Bereich die richtigen Menschen angesprochen fühlen, solltest du in deiner Kundenansprache auf solche Unterschiede achten.

Aber Achtung: Gerade im Netz ist vielen dieser Unterschied nicht klar. Daher solltest du beim Wording darauf achten, wie sich deine Zielgruppe selbst nennt. Solange du die Unterschiede im Blick behältst und nur im Wording darauf achtest, ist alles in Ordnung.

Auch bei den Führungskräften gibt es Unterschiede.

Ja, sogar bei solch einer augenscheinlich einfachen Zielgruppe wie Führungskräften gibt es noch Unterschiede. Handelt es sich bei der

Zielgruppe um Führungskräfte der mittleren oder der oberen Führungsebene? Sind sie bei einem mittelständischen Unternehmen oder bei einem großen Konzern angestellt?

All das ist wichtig, um sie mit ihrer eigenen Problematik direkt ansprechen zu können. Denn eine Teamleitung (mittlere Führungsebene) in einem großen Konzern hat andere Hintergründe, Probleme und Herausforderungen als eine Klinikleitung (obere Führungsebene) in einer kleinen Klinikgemeinschaft. Auch wenn sie das gleiche Thema haben, so werden ihr Wording und ihre Herangehensweise an ebendieses Thema komplett unterschiedlich sein.

Nicht zu vergessen …

Mütter

Mütter sind auch eine sehr beliebte Zielgruppe, und natürlich gibt es auch hier große Unterschiede bei Hintergründen und Herausforderungen.

Nehmen wir als Beispiel: Ich unterstütze Mütter, sich nebenberuflich selbstständig zu machen. Mal abgesehen davon, dass »nebenberuflich selbstständig machen« keine gute Ansprache ist, gibt es folgende Möglichkeiten:

- Mütter von Babys und Kleinkindern
- Mütter von Kindergartenkindern
- Mütter von Schulkindern
- Mütter von Pubertierenden
- Alleinerziehende Mütter
- Mütter mit finanziell sicherem Hintergrund
- Mütter, die Hartz 4 beziehen
- Junge Mütter
- Alte Mütter
- Mütter von vielen Kindern
- Müttern von einem behinderten Kind
- … und so weiter

All diese Mütter haben andere Zeitfenster, Probleme, Herausforderungen mit sich selbst, den Kindern, und dem Business. Und all das solltest du bei der Wahl deiner Zielgruppe beachten. Daher macht es Sinn, sich bei dieser Zielgruppe zu überlegen, wie genau die Hintergründe dieser Mütter aussehen.

Versuche einmal, mit offenen Augen durch deine Social-Media-Kanäle zu wandern, und lies dir die Positionierungssätze deiner Mitstreiter*innen durch. Damit du hier schon mal üben kannst, habe ich einen Beispielsatz mitgebracht. Probiere direkt aus, ob du die unterschiedlichen, nicht klar differenzierten Zielgruppen bereits erkennst.

Welche Unterschiede tatsächlich alle in diesem einen Satz versteckt sind, verrate ich dir am Ende des Buches. Nimm dir dafür gern etwas mehr Zeit. Denn je öfter du bewusst auf die Suche nach Unterschieden in der Zielgruppe anderer Menschen gehst, umso leichter wird es dir später fallen, die Unterschiede auch bei dir zu erkennen.

Denn die größte Herausforderung im weiteren Verlauf ist tatsächlich, dass du die jeweiligen Unterschiede in der eigenen Zielgruppe erkennst.

Hier ist der Probesatz:

*»Ich begleite Selbstständige und Unternehmer*innen dabei, online und/oder offline dem Stress im Alltag zu entkommen, um so wieder zu ihrer inneren Ruhe zu finden, damit sie mit sich, ihrer Familie und ihrem Business wieder glücklich und zufrieden sein können.«*

Notiere dir alle Unterschiede, die dir auffallen, und überprüfe am Ende des Buches, ob du sie alle gefunden hast. Oder ob doch noch ein paar versteckte Unterschiede dabei waren, die dir noch nicht aufgefallen sind.

Als kleiner Mutmacher: Übung macht den Meister.

Wenn du noch nicht so viele Unterschiede entdecken konntest, ist das überhaupt kein Problem. Das kommt mit der Zeit und der Übung von ganz allein. Und glaub mir, ich kann keinen Beitrag mehr lesen – keine Ansprache, keinen Positionierungssatz –, ohne die Unterschiede direkt zu erkennen.

Dein Status quo

Und jetzt … müssen wir alles nur noch zusammensetzen. Um das Ganze etwas anschaulicher zu gestalten, habe ich zu jeder Frage noch ein Beispiel beigefügt:

Welche Persönlichkeit macht dich aus?
Ich bin ganz klar eine rote Persönlichkeit. Ich finde lieber Lösungen, als dass ich mich länger mit den Problemen auseinandersetze. Ich kann schnell und sicher Entscheidungen treffen und habe keine Angst, auch mal Fehler zu machen oder zu scheitern.

Welches Bedürfnis treibt dich an, wenn es um Kundengewinnung geht?
Wenn es um die Kundengewinnung geht, treffe ich meine Entscheidungen mit dem Grundbedürfnis Geltung. Meine Triebfeder ist hier ganz klar *Geld*. Ich möchte finanziell abgesichert sein, um mich persönlich sicher zu fühlen.

Welche Persönlichkeit sollte deine zukünftige Zielgruppe haben?
Ich möchte gern mit Frauen aus der roten Zielgruppe zusammenarbeiten. Mir ist es wichtig, dass Sachen schnell umgesetzt und Entscheidungen schnell getroffen werden. Lange drum herumreden und fünfmal über dieselbe Sache diskutieren, ist für mich wahnsinnig anstrengend.

Für welche Triebfeder hast du dich entschieden?
Meine zukünftige Zielgruppe entscheidet mit der roten Triebfeder.

Kannst du ihre Schwächen mit deinen Stärken ausgleichen?
Meine Stärken sind Fokus und Struktur, Führungspersönlichkeit und Kontinuität.

Ich kann sehr gut den Fokus behalten und liebe es, andere dabei zu unterstützen. Ich blühe erst so richtig auf, wenn ich viele verschiedene Themen von vielen verschiedenen Personen jonglieren kann.

Ich bin selbstbewusst, direkt und ehrlich und kann sehr gut mit dominanten Menschen umgehen. Dies kostet mich viel weniger Energie, als zum Beispiel mit einer grünen/harmonischen Zielgruppe zu arbeiten.

Für welches Thema hast du dich entschieden?
Ich möchte klar im Bereich Business-Coaching bleiben. Da dies aber ein sehr weites Feld ist, habe ich mich auf das Thema der Zielgruppendefinition fokussiert.

Wo holst du deine Zielgruppe ab?
Meine Zielgruppe befindet sich im Lösungsbewusstsein. Sie kennt die Lösung bereits, kann sie aber alleine nicht umsetzen.

Weitere Unterschiede:
- Ich arbeite mit Frauen,
- die im Bereich Onlinebusiness tätig,
- selbstständig
  und
- im Alter zwischen 45 und 55 Jahren sind.

Anhand dieser Angaben kann ich jetzt meinen Status quo formulieren:
Ich unterstütze selbstständige Frauen (zwischen 45 und 55) dabei, die Zielgruppe zu finden, mit der sie endlich Geld verdienen.

Meine Zielgruppe kennt ihr Ziel und möchte dies auf jeden Fall erreichen. Sie ist zielstrebig, leistungs- und erfolgsorientiert, trifft schnelle Entscheidungen und ist hoch motiviert. Sie ist selbstbewusst, direkt und kann auch mal mit Kritik umgehen. Finanzielle Freiheit ist für sie ein großer Antriebsfaktor, dementsprechend ist Geld für sie sehr wichtig.

Wenn du deinen Status quo so formulieren kannst, dann bist du schon einen großen Schritt weitergekommen. Denn jetzt hast du die wichtigsten Entscheidungen bereits getroffen.

Im Anschluss machen wir uns auf den Weg und überprüfen, ob es diese Menschen auch in der Realität gibt. Auf geht´s zur Umfrage!

UND JETZT BIST DU DRAN:

Beantworte folgende Fragen:

- Welche Persönlichkeit macht dich aus?
- Welches Bedürfnis treibt dich an, wenn es um Kundengewinnung geht?
- Welche Persönlichkeit sollte deine zukünftige Zielgruppe haben?
- Mit welcher Triebfeder trifft sie ihre Entscheidungen?
- Kannst du ihre Schwächen mit deinen Stärken ausgleichen?
- Für welches Thema hast du dich entschieden?
- Wo holst du deine Zielgruppe ab?
- Existieren weitere Unterschiede?

Und jetzt noch in maximal drei Sätzen zusammenfassen:

Warum sind Umfragen so wichtig?

Umfragen sind ein wirklich hilfreiches Tool, das es so schon sehr lange gibt. Fast jeder kennt es, aber kaum einer nutzt es für seine Zielgruppendefinition. Bei meiner täglichen Arbeit merke ich immer wieder, wie Zielgruppenpsychologie reine Begeisterungsstürme auslöst, während Umfragen nur lange Gesichter hervorrufen.

Immer wieder höre ich dann Fragen wie:

- Aber wo soll ich meine Zielgruppe denn finden?
- Aber wie soll ich an sie herankommen?
- Aber was soll ich denn überhaupt fragen?
- Und wie geht das denn mit solch einer Umfrage?

Und über all das – und noch viel mehr – sprechen wir ausführlich in den nächsten fünf Kapiteln.

Anfangen möchte ich gern damit, aufzuzeigen, warum eine Umfrage so wichtig ist, und was sie für unser Business alles verändern kann. Im Normalfall wird eine Vorlage zu einem Persona-Modell ausgefüllt. Heraus kommt dann so was wie:

»Lizzy ist 36, verheiratet und Mama von zwei kleinen Kindern. Sie ist zuverlässig und empathisch, sie liest gern und verbringt viel Zeit in der Natur. Nachhaltigkeit und Umweltschutz liegen ihr am Herzen.

*Sie ist selbstständig als Coach/Hochzeitsplanerin/Fotografin/… und liebt es, ihren Kund*innen mit ihrer Tätigkeit zu helfen. Was Lizzy fehlt, ist … Zeit. Sie will es allen recht machen, vergisst dabei aber gern sich selbst. Und alles unter einen Hut zu bekommen, fällt Lizzy zunehmend schwer. Ihr fehlt die Me-Time.*

Lizzy träumt von einem entspannten Alltag, in dem sie genug Zeit für ihr Business, für sich, ihre Kinder und ihren Partner hat. Ein Alltag, in dem sie ihre Selbstständigkeit wieder genießen kann.«

Diese Persona wurde von einer ehemaligen Kundin von mir – einer virtuellen Assistentin – geschrieben, kurz bevor sie zu mir in den Workshop kam.

Der im Netz präferierte Weg wäre jetzt, dieser Persona noch ein Gesicht anhand eines Bildes zu geben und sie sich dann über den Schreibtisch zu hängen. So können alle Texte nur noch für Lizzy geschrieben und natürlich kann darauf basierend auch ein Angebot für sie erstellt werden.

Wenn man sich diese Beschreibung durchliest, könnte man meinen: Super, passt doch alles.

Aber leider passt hier kaum etwas.

Ich fasse mal die wichtigsten Punkte zusammen: Wir wissen von Lizzy, dass sie 36 Jahre alt ist, verheiratet und Mutter von zwei kleinen Kindern. Sie arbeitet als Coach/Hochzeitsplanerin/Fotografin … ist empathisch und zuverlässig, und ihr sind Nachhaltigkeit und Umweltschutz wichtig. Sie hat Probleme, Familie, Freunde und Beruf unter einen Hut zu bringen, und wünscht sich mehr Zeit. Und genau dafür braucht sie jetzt eine virtuelle Assistentin. Fertig!

Allerdings wissen wir nicht:

- Für welchen Bereich sucht Lizzy eine VA? Buchhaltung, Kundenbetreuung, Schriftverkehr, das Verfassen von Blogartikeln, E-Mail-Marketing, persönliche Assistenz, Social Media, Fotobearbeitung …
- An welcher Haltestelle befindet sich Lizzy? Weiß sie bereits, wie ihre Lösung aussieht? Oder will sie einfach nur mehr Zeit?
- Ist Lizzy überhaupt bereit für Mitarbeiter? Und wenn ja, wie trifft sie die Entscheidung? Was ist ihr dabei wichtig?
- Und noch einiges mehr.

Wir sehen also, auch wenn es sich gut ausgearbeitet anhört, fehlen noch eine ganze Menge Informationen. Einen Teil davon können wir gut mit unserer Grunddefinition ausarbeiten, aber den größten Teil dieser Fragen kann nur eine Umfrage beantworten.

Wichtig ist, dass wir nach der Erstellung der Grunddefinition in den persönlichen Kontakt gehen. Denn vorstellen können wir uns viel, aber bevor wir nicht wirklich wissen, ob es auch zutrifft, bringt uns all das überhaupt nichts. Wenn wir anhand dieser Persona versuchen, ein Business aufzubauen, werden wir einfach nur mit Anlauf vor die Wand laufen.

Eine Umfrage ist für zwei Aspekte wichtig:

- die Überprüfung unserer Annahmen
- und um herauszufinden, WO wir unsere Zielgruppe finden.

Ich sage es mal so: Eine Umfrage zu erstellen und dafür Teilnehmer*innen zu finden, ist nicht einfach und kostet einiges an Nerven und Zeit. Aber wenn wir es nicht schaffen, Menschen zu finden, die uns ein paar Fragen zu unserem Thema beantworten, wie wollen wir dann Menschen finden, die unser Angebot kaufen?! Und vor allem: Wo wollen wir sie finden?

Es gibt jetzt zwei Gründe, um eine Umfrage aufzusetzen:

1. um unsere Zielgruppe besser kennenzulernen und
2. um unser Angebot auszuarbeiten.

Ganz wichtig: Beide Wege sollten niemals vermischt werden! Ich sehe sehr oft, dass Umfragen erstellt werden, in denen ein paar obligatorische Statistikfragen gestellt werden – Alter, Familienstand, Beruf –, und dann geht es direkt zum Angebot über.

Wir sind jetzt noch nicht an dem Punkt angekommen, bei dem es um das Angebot geht. In erster Linie geht es jetzt noch darum, unsere Zielgruppe besser kennenzulernen. Die Fragen zum Angebot können wir später in den Interviews einbringen. Also keine Angst, sie gehen nicht verloren.

Auch ein Grund, warum Umfragen gern übersprungen werden, sind Facebook-Gruppen. Leider gibt es zurzeit kaum eine andere Möglichkeit, in kürzester Zeit viele Menschen auf einmal anzusprechen. Wer sich mit Facebook nicht gut auskennt, weiß auch nicht, wo die Umfragen am besten platziert werden können.

Viele Gruppen lassen Umfragen nicht zu, und das ist auch verständlich, denn es sind Gruppen von anderen Coaches. Diese möchten natürlich nicht, dass wir in ihren Gewässern fischen. Es gibt aber einige Gruppen, in denen es gestattet ist, Umfragen zu machen. Außerdem existieren noch einige andere Möglichkeiten, wie und wo wir unsere Umfrage platzieren können. Dem Thema Facebook-Gruppen habe ich im weiteren Verlauf ein komplettes Kapitel gewidmet. Dort gehe ich dann noch mal ausführlich darauf ein.

So richtig suspekt sind mir die Menschen, die tatsächlich eine Umfrage erstellen, viele Antworten bekommen … und sie dann einfach ignorieren. Sie lesen sich ein, zwei Antworten durch, fühlen sich bestätigt und ignorieren den Rest. Jetzt sind sie sich absolut sicher, dass sie auf dem richtigen Weg sind. Jetzt kennen sie ihre Zielgruppe!

Blöd ist nur, dass sie sehr wahrscheinlich eine Menge Fragen gestellt haben, bei denen die Antworten als Auswahlmöglichkeiten schon vorgegeben waren. Das ist der einfachste Weg, um die eigenen Vorstellungen zu bestätigen. Und dann ist der Weg frei, um endlich das gewünschte Angebot zu erstellen.

Um es kurz zu machen: Das ist kein hilfreicher Weg, und die Arbeit hätten sie sich sparen können!

UND JETZT BIST DU DRAN:

Hast du schon mal eine Umfrage erstellt und durchgeführt?

- Wenn ja, welche Ergebnisse konntest du daraus ziehen?
- Wenn nein, was hat dich bisher davon abgehalten?

Wie erstelle ich eine Umfrage?

In diesem Kapitel sprechen wir über die Grundstruktur und den Aufbau einer Umfrage.
Als Grundlage gelten hier der eigene Status quo und diese zwei Fragen:

- Was gibt es noch über die Zielgruppe zu erfahren?
- Was fehlt noch, um sie besser kennenzulernen?

Wenn es zum Thema passt, kann gern gefragt werden, ob sie ein Haustier haben oder Kinder oder auch, welchen Sport sie treiben.

Doch passen solche Fragen nicht zum Thema, kann man sie sich sparen. Es geht schließlich darum, nur das herauszufinden, was später für die Kundenansprache hilfreich ist.

Beispiele:
Mir als Zielgruppencoach ist es relativ egal, ob meine Zielgruppe verheiratet ist oder Kinder hat. Auch die Haustiere und Hobbys interessieren mich nicht. Ich möchte einfach nur wissen:

- Wo genau liegt ihr Problem/ihre Herausforderung in Bezug auf die Zielgruppendefinition?
- Hat sie schon versucht, dieses Problem/diese Herausforderung zu lösen?
- Wenn ja, wie genau hat sie das versucht?
- Welche Ziele/Träume hat meine Zielgruppe in Bezug auf ihr Business?

Ein*e Hundetrainer*in möchte wissen:

- Wie viele Hunde hat die Zielgruppe?
- Welcher Rasse gehören die Hunde an?

- Wie alt sind sie?
- Wurden sie vorher schon mal trainiert?
- Wenn nein, warum nicht?
- Wenn ja, hat es was gebracht?

Jemand der sich Mütter als Zielgruppe ausgesucht hat, interessiert sich eher dafür:

- Ist die Zielgruppe verheiratet?
- Ist sie alleinerziehend?
- Ist sie berufstätig?
- Wie alt ist das Kind?
- Wo liegen die Herausforderungen mit dem Kind?
- … und so weiter.

Wichtig ist, dass nur Fragen gestellt werden, die am Ende auch auf unser Businesskonto einzahlen. Und damit meine ich monetär, aber auch, was dabei hilft, eine direkte und persönliche Kundenansprache zu formulieren.

Wie die richtigen Fragen gestellt werden, darauf gehe ich im nächsten Kapitel noch ausführlich ein. Jetzt geht es hier erst mal weiter mit Struktur und Aufbau einer Umfrage.

Die Anzahl der Fragen sollte 15 als absolutes Maximum nicht überschreiten. Ich empfehle immer so +/–10, denn viele Menschen empfinden zu viele Fragen schnell als Überforderung und brechen ihre Eingabe ab.

Lass dir für die Erstellung deiner Fragen ruhig ein paar Tage Zeit. Schreibe sie auf, lass sie ein paar Stunden liegen – oder auch gern über Nacht – und lies sie dann noch einmal in Ruhe durch.

Um eine Umfrage zu erstellen, gibt es viele verschiedene Tools und Programme, die dafür genutzt werden können. Ich arbeite regelmäßig mit einem von diesen beiden:

- Google Forms
- Jotform

Sie sind beide kostenfrei und einfach zu bedienen. Für Forms brauchst du einen Google-Account, und solltest du den noch nicht haben, ist der ganz einfach, gratis und schnell erstellt. Bei Jotform musst du dich einfach nur anmelden. Hier gibt es die Möglichkeit, weitere kostenpflichtige Pläne zu buchen, die aber für eine einfache Umfrage nicht nötig sind.

Beide Tools sind ähnlich aufgebaut, es bleibt also ganz deinen Vorlieben überlassen, mit welchem du die Umfrage erstellen willst. Forms ist einfach und intuitiv zu bedienen, aber leider optisch nicht sehr ansprechend. Jotform ist nicht so intuitiv aufgebaut, gibt dafür aber mehr Spielraum beim Design. Weil ich hier natürlich nicht ausführlich auf beide Tools eingehen kann, habe ich zwei Videos erstellt. Die findest du auf meiner Website unter: *sogehtzielgruppe.de/tools*.

Schau dir beide Tools an, um dann zu entscheiden, welches am besten zu dir passt. Gefällt dir keins davon, steht es dir natürlich frei, ein anderes Tool zu wählen.

Der Aufbau einer Umfrage ist recht simpel:

- Ansprache und Erklärung
- Statistikfragen
- Hauptfragen
- Abschluss mit E-Mail-Abfrage

Ansprache und Erklärung

Ganz zu Beginn schreibst du ein paar einfache Worte, um deine Teilnehmer*innen zu begrüßen. Und natürlich darf auch eine kurze Erklärung, um was es in dieser Umfrage geht, nicht fehlen.

Hier ein Beispiel von einer meiner Umfragen:

LASS UNS DIE ZIELGRUPPE FINDEN, MIT DER DU ENDLICH GELD VERDIENST!

Hallo, mein Name ist Claudia, und ich bin Deutschlands einziger Zielgruppencoach.

Diese Umfrage richtet sich an alle selbstständigen Frauen, die gerade dabei sind, sich (schon wieder) mit ihrer Zielgruppe auseinanderzusetzen.

Hierbei ist es nicht wichtig, ob du gerade erst startest … oder bereits einige Runden auf dem Zielgruppenkarussell hinter dir hast.

Ich möchte mit dieser Umfrage meine Zielgruppe – nämlich dich – ein wenig besser kennenlernen. Und deshalb freue ich mich ungemein, dass du mich dabei unterstützt.

Jetzt bleibt mir nur noch zu sagen: Vielen Dank für deine Zeit. Und ich denke, alles in allem, wird es nicht länger als fünf Minuten dauern.

Liebe Grüße,
deine *Claudia*

Das war es schon. Mehr muss es gar nicht sein.

Die Ansprache und Erklärung sollten so kurz wie möglich gehalten werden und dabei so viel Information wie nötig beinhalten. Bitte keine Romane, die liest niemand.

Es geht auch nicht darum, dich in aller Form vorzustellen. Du kannst gern ein paar Worte mehr dafür nutzen, als ich es getan habe, aber es ist an dieser Stelle nicht nötig. Was genau und wie viel hier geschrieben wird, hängt ganz von der eigenen Persönlichkeit ab.

Statistikfragen

Statistikfragen sind nicht für alle Themen relevant, können aber sehr hilfreich sein.

Hierzu gehören Fragen wie:

- Wie heißt du?
- Wie alt bist du?
- Wie viele Kinder hast du?
- Welche Rasse hat dein Hund?
- In welchem Bereich bist du tätig?
- … und so weiter.

Also im Prinzip alle Fragen, die schnell und kurz zu beantworten sind, kommen in den Statistikbereich. So schaffst du dir jetzt bereits einen guten Überblick über die Antworten, um sie später entsprechend auswerten zu können.

Achte hier bitte darauf, keine unnötigen Fragen zu stellen. Wenn die Anzahl der Kinder beispielsweise für dein Thema nicht relevant ist, dann lass diese Frage weg.

Hauptfragen

In beiden Tools gibt es verschiedene Möglichkeiten, um nach Antworten zu fragen. Und hier sind vier davon, die ich für eine Umfrage empfehlen kann:

- Absatz
- Single Choice
- Kästchen
- Skala-Antworten

Natürlich gibt es noch eine Menge mehr, aber im Laufe des letzten Jahres – und insgesamt 586 erstellten Umfragen – kann ich ganz klar sagen: Diese vier reichen vollkommen aus.

Wie vorhin bereits erwähnt, macht es am meisten Sinn, wenn es den Teilnehmer*innen möglich ist, in ihren eigenen Worten zu antworten.

Bei Forms nennt sich diese Möglichkeit »Absatz« und bei Jotform »langer Text«.

Je ausführlicher die Teilnehmer*innen antworten, umso besser ist es später für die Formulierung unserer Kundenansprache. Daher sollte diese Antwortoption so oft wie möglich genutzt werden.

Bei dem nächsten Tool wird es ein wenig verwirrend, denn bei Forms heißt es »Multiple Choice« und bei Jotform »Single Choice«.

Hierbei haben die Teilnehmer*innen die Möglichkeit, nur eine Antwort anzukreuzen. Daher eignet sich diese Funktion hervorragend für Ja/Nein-Antworten. Allerdings sollten so wenige Ja/Nein-Fragen wie möglich gestellt werden. Wenn überhaupt, dann nur mit einer Folgefrage.

BEISPIEL

Hast du dich bereits mit dem Thema Zielgruppendefinition auseinandergesetzt?

○ Ja

○ Nein

Und als Anschlussfragen:

- Wenn ja, wie genau und mit welchem Ergebnis?
- Wenn nein, warum nicht?

Es bringt mir nichts, wenn ich weiß, ob sich meine Zielgruppe bereits mit der Definition auseinandergesetzt hat oder eben nicht. Hilfreich und informativ hingegen sind die Erklärungen, die darauf folgen.

Als Nächstes haben wir die Antwortmöglichkeit »Kästchen« bei Forms und »Multiple Choice« bei Jotform. Die Teilnehmer*innen können hier mehrere Antworten anzukreuzen. Und da diese Möglichkeit der vorherigen so ähnlich ist, sind die beiden Optionen optisch so gestaltet, dass man sie gut auseinanderhalten kann, denn:

- Bei nur einer Antwort gibt es Kreise zum Ankreuzen.
- Bei mehreren Antworten gibt es Kästchen zum Ankreuzen.

Hat man eine Frage, bei der es hilfreich ist, wenn mehrere Antworten gegeben werden, sind die Kästchen die richtige Wahl.

BEISPIEL

Welche Trainingsformen hast du mit deinem Hund schon ausprobiert?

☐ Welpenschule

☐ Basistraining

☐ Treibball

☐ Clickertraining

☐ Begleithundesport

☐ Agility

☐ Sonstiges

Diese Antworten helfen zwar dabei, die Zielgruppe kennenzulernen, aber nicht unbedingt, um die eigene Kundenansprache zu formulieren. Hier liegt es wieder an dir, wie diese Informationen später eingesetzt werden und wie oft diese Antwortmöglichkeit genutzt wird.

Dann gibt es noch die Skala-Antworten, die bei Forms »Lineare Skala« und bei Jotform »Skala-Bewertung« heißen.

Hier haben die Teilnehmer*innen die Möglichkeit, auf einer Skala von 1 bis xy auszuwählen.

BEISPIEL

Wie hoch ist dein gefühlter Stresslevel in deinem Businessalltag auf einer Skala von 1 bis 10 ?

1 2 3 4 5 6 7 8 9 10

Diese Antwortmöglichkeit zeigt, auf welchem Stand die Teilnehmer*innen in bestimmten Situationen sind, was eventuell auch Hinweise auf die Haltestellen geben kann, an denen sie abgeholt werden möchten.

Sobald alle Fragen eingetragen sind, ist es wichtig, zum Schluss noch eine Absatz-/Langer-Text-Frage einzufügen. Und zwar, um nach der E-Mail-Adresse der Teilnehmer*innen zu fragen. Das machen wir aber nicht so plump à la: »Wie lautet deine E-Mail-Adresse?« Sondern wir nutzen diese Möglichkeit, um sie zu einem persönlichen Gespräch einzuladen.

BEISPIEL

»Im Anschluss an diese Umfrage möchte ich mit ausgewählten Teilnehmer*innen noch ein persönliches Gespräch via Zoom führen. Wenn du bereit bist, dich mit mir weiter über dieses Thema auszutauschen, dann hinterlasse mir gern deine E-Mail-Adresse. Ich melde mich umgehend bei dir.«

Ich sehe oft, dass bereits in den Statistikfragen direkt unter »Wie heißt du?« als Nächstes nach der E-Mail-Adresse gefragt wird. Die meisten Menschen sind an diesem Punkt noch nicht bereit, ihre E-Mail-Adresse zu hinterlassen. Daher macht es Sinn, diese erst ganz zum Schluss abzufragen. Dann haben sich die Teilnehmer*innen gedanklich intensiver mit dem Thema beschäftigt, und wir geben ihnen für ihre E-Mail-Adresse auch etwas zurück: nämlich die Möglichkeit auf ein persönliches Gespräch.

Auf keinen Fall sollte man Pflichtantworten von den Teilnehmer*innen fordern, also Antworten, die sie geben müssen, damit die Umfrage überhaupt abgesendet werden kann. Wer antworten will, wird das auch tun. Solche roten Kreuze (die Pflichtfeldangabe) kann viele Teilnehmer*innen schon direkt abschrecken. Einfach weglassen, denn sie helfen in keinem Fall weiter.

Zu diesem Thema könnte ich noch viel mehr schreiben, aber das würde ausufern. Deshalb habe ich diese zwei Videos erstellt, dort gibt es alle weiteren Informationen.

Wir gehen jetzt erst mal weiter zum nächsten Kapitel und schauen uns an, was richtige und was falsche Fragen sind.

UND JETZT BIST DU DRAN:

Welche Statistikfragen passen zu deinem Thema und warum?

Die richtigen Fragen

Jetzt kommen wir zum Herzstück, der gesamten Zielgruppendefinition. Denn wenn die Fragen in der Umfrage nicht richtig formuliert werden, ist im Grunde alles umsonst gewesen!

Und ja, es gibt so was wie falsche Fragen. Denn die Antworten auf die falschen Fragen helfen dir nicht weiter. Daher ist es ungemein wichtig, dass du dir bereits im Vorfeld überlegst, was genau du wissen willst, um deine Fragen danach auszurichten. Das mag erst mal logisch klingen, sieht aber in der Umsetzung meist anders aus. Denn oft genug schon habe ich Fragen gelesen, bei denen nicht klar war, wie die Antworten hilfreich sein könnten.

Die Schlüsselfrage ist hier: Was genau willst du mit dieser Frage erfahren?

Hierzu als Beispiel eine Frage, die eine meiner Workshop-Teilnehmerinnen einmal formuliert hat. In ihrer Umfrage ging es um das Thema: Wie möchtest du im Business wirken?

Ihre **Frage** lautete: Hast du dir schon mal Gedanken darüber gemacht, welche Werte für dich im Business wichtig sind und welche dich ausmachen?

Als Antwortmöglichkeit hatte sie das Format Absatz gewählt, damit ihre Teilnehmer*innen frei antworten konnten.

Was also wollte sie mit dieser Frage erfahren?

- Ob ihre Zielgruppe sich schon mal Gedanken darüber gemacht hat, welche Werte für sie im Business wichtig sind?
- Oder ob sie weiß, welche Werte sie ausmachen?
- Oder ob sie überhaupt welche hat?

Es ist offensichtlich nicht auf den ersten Blick zu erkennen, um was es eigentlich geht. Und das ist immer ein gutes Zeichen dafür, dass die Frage noch einmal umformuliert werden sollte.

Also habe ich sie gefragt: »Was genau willst du mit dieser Frage von deiner Zielgruppe erfahren?« Und ihre Antwort war: »Ich möchte erfahren, welche Werte für meine Zielgruppe in ihrem Business wichtig sind.«

Damit meine Workshop-Teilnehmerin die Antworten bekommt, die sie haben will UND die sie später auch weiterbringen, könnte die Frage so formuliert werden:

Frage: Welche Werte sind dir im Business wichtig?

Und nicht zu vergessen, die Anschlussfrage: Warum sind dir diese Werte für dein Business wichtig?

Die Anschlussfrage hilft dabei, die Hintergründe der eigenen Zielgruppe zu verstehen. Denn was bringt es ihr, wenn sie weiß, dass ihrer Zielgruppe zum Beispiel Nachhaltigkeit wichtig ist? Wenn sie aber weiß, warum Nachhaltigkeit wichtig ist, kann sie das später in ihrer Kundenansprache verwenden.

Die Devise für jede Umfrage sollte sein: einfach, klar und direkt!

Die Fragen sollten so einfach und klar wie möglich formuliert sein, sodass auch ein kleines Kind sofort verstehen würde, was gefragt ist, und so direkt, dass jede*r sofort weiß, was wirklich gemeint ist. Also bitte keine blumigen Formulierungen, leeren Phrasen und Füllworte benutzen. Dafür ist hier kein Platz.

Sobald die Teilnehmer*innen anfangen müssen zu überlegen, was eigentlich gemeint ist, oder sie es nicht verstehen … sind sie weg. Es geht im Prinzip nicht um richtige oder falsche Fragen, sondern um die richtige oder falsche Formulierung der Fragen. Und das ist nichts, was wir intuitiv wissen, aber wir können es lernen.

Und um dich dabei ein wenig zu unterstützen, werde ich nun ein paar Beispiele aufführen. Anhand dieser Beispiele möchte ich dir die jeweiligen Unterschiede bei den einzelnen Formulierungen aufzeigen.

Ich habe insgesamt drei Beispiele mitgebracht – jeweils die Grunddefinition und die Fragen dazu.

Ich werde zur Grunddefinition genauso Feedback geben wie zu den Fragen. So kannst du am einfachsten verstehen, warum etwas funktioniert und warum nicht.

Beispiel 1

Grunddefinition: Ich bin Stimm- und Sprechtrainerin und ich helfe professionellen Sprecher*innen dabei, ihr Publikum, sowohl on- als auch offline mit Freude und Leichtigkeit zu erreichen.

Feedback: Wer schon ein Auge auf die Unterschiede hat, kann hier mögliche Probleme in diesem Bereich sehr gut erkennen.

- Männer und Frauen
- online und offline

Allein das macht eine direkte Kundenansprache schwierig. Aber die Hintergründe, Bedürfnisse, Herausforderungen und Wünsche der einzelnen Zielgruppen sind auch völlig unterschiedlich.
Professionelle Sprecher*innen könnten beispielsweise sein:

- Musicaldarsteller*innen
- Theaterschauspieler*innen
- Speaker*innen
- Podcaster*innen
- Radiomoderator*innen
- … und andere mehr.

Und all diese professionellen Sprecher haben jeweils andere Probleme und Herausforderungen mit ihrer Stimme. Bei dieser Grunddefinition ist ganz klar: Hier müssen Entscheidungen getroffen werden.

Nach unserer gemeinsamen Arbeit sah die Grunddefinition folgendermaßen aus: Als Stimm- und Sprechtrainerin helfe ich Speakerinnen dabei, eine starke und gesunde Stimme zu entwickeln, um ihre Zuschauer*innen damit regelmäßig zu begeistern.

Kommen wir zu den **Fragen:**

Wie wichtig ist dir das Thema Stimme? (Skala 1 bis 10)
Diese Frage kann hilfreich sein, um herauszufinden, ob sich auch die RICHTIGEN Menschen vom Beitrag zur Umfrage angesprochen fühlen. Aber, wenn wir es mal genau nehmen: Sobald jemand mit der eigenen Stimme Geld verdient, gehe ich davon aus, dass sie schon einen großen Stellenwert haben wird. Daher kann diese Frage einfach weggelassen werden. Denn sie bringt keinerlei Nutzen für die spätere Arbeit.

Wie beurteilst du deine Stimme während eines Auftritts?
Bei dieser Frage ist nicht klar, worum es eigentlich gehen soll. Auf Nachfrage war klar, dass die passende Formulierung gewesen wäre: Welche besonderen Herausforderungen musst du mit deiner Stimme während deiner Auftritte bewältigen? Diese Antworten helfen später dabei, Social-Media-Beiträge oder Blogartikel zu schreiben, in denen dann Möglichkeiten aufgeführt werden, diese Herausforderungen zu meistern.

Welche drei Wünsche darf dir die berühmte gute Fee erfüllen?
Ich kann es selbst nicht glauben, wie oft ich diese Frage schon gelesen habe. Und jedes Mal frage ich mich wieder: Was soll das? Wenn man schon nach den Wünschen fragt, dann bitte auch direkt auf das Thema bezogen, wie zum Beispiel: Welche Wünsche hast du in Bezug auf deine Stimme?

Man sollte immer darauf achten, dass der Bezug nicht verloren geht. Denn auch wenn man selbst denkt, es sei völlig klar, um was es geht – nein, es ist nicht immer allen klar. Und schnell kann es auch falsch verstanden werden.

Du erinnerst dich: einfach, klar und direkt!

Beispiel 2

Grunddefinition: Ich unterstütze Frauen in Führungspositionen – vor allem in männerdominiertem Umfeld – dabei, Frau bleiben zu können und nicht zu besseren Männern werden zu müssen.

Feedback: Es ist nicht klar, um wen und um was genau es eigentlich gehen soll. Okay, es werden Frauen in Führungspositionen angesprochen, aber auf welcher Ebene sollen sich diese Frauen befinden? Untere, mittlere oder obere Führungsebene? Und was genau bedeutet »Frau bleiben zu können und nicht zu besseren Männern zu werden«?

Das ist ein sehr gutes Beispiel dafür, wie schnell wir Sätze formulieren, die andere Menschen nicht verstehen können. Und das nur, weil wir so tief in unserem Thema stecken. Für uns sind diese Sätze ganz klar und verständlich, bei unserer Zielgruppe hingegen lösen sie Fragezeichen aus. Und wie wir bereits gelernt haben, ist das nicht gut.

Nach unserer gemeinsamen Arbeit sah die Grunddefinition folgendermaßen aus: Ich unterstütze Frauen in mittleren Führungsebenen dabei, ihr Selbstwertgefühl so zu stärken, dass sie nie wieder das Gefühl bekommen, sich den männlichen Kollegen unterlegen zu fühlen.

Kommen wir zu den **Fragen:**

Was frustriert dich in Bezug auf Führung als Frau?
Klar ist, dass es in dieser Frage um Frustration geht. Unklar ist, in Bezug auf was genau? Was will die Erstellerin der Umfrage von ih-

rer Teilnehmerin erfahren? Geht es um die Frustrationen als Frau in einer Führungsposition? Dann sollte sie es genau so formulieren. Als ich sie auf die Formulierung »Führung als Frau« angesprochen habe, konnte sie gar nicht verstehen, dass ich nicht wusste, was sie meint, was wieder bestätigt: Pass auf, dass du nicht aus deiner Expert*innen-Rolle heraus schreibst, ohne dich in deine Kund*innen hineinzuversetzen.

Welche Themen treiben dich um als Frau in einer Führungsposition?
Auch das ist sehr kompliziert formuliert. Einfacher wäre gewesen: Welche Themen in Bezug auf deine Führungsposition als Frau beschäftigen dich gerade?

Nur weil Sätze kürzer sind, heißt es nicht gleich, dass sie auch leicht zu verstehen sind. Schachtelsätze – alles mit mehr als drei Kommata – sollten allerdings unbedingt vermieden werden.

Welche strukturellen Hindernisse hast du bisher erfahren, um als Führungskraft anerkannt zu werden?
Hier könnten die Teilnehmerinnen über die Formulierung »strukturelle Hindernisse« stolpern. Und worauf genau liegt der Fokus in dieser Frage?

- Auf den strukturellen Hindernissen?
- Oder darauf, als Führungskraft anerkannt zu werden?

Ich würde mehrere **Fragen** daraus machen:

- Welche Hürden musstest du bisher auf deinem Weg zur Führungskraft überwinden?
- Hast du es als schwer empfunden, als Führungskraft anerkannt zu werden? (ja/nein)
  - Wenn ja, warum?
  - Wenn nein, warum nicht?

So erfährt sie, was ihre Zielgruppe als »Hürde« ansieht, und im Anschluss auch, ob und warum sie es als schwer empfunden hat, als Führungskraft anerkannt zu werden. Zum einen kann daraus abgelesen werden, wo genau die Zielgruppe steht. Und beide Antworten sind sehr hilfreich bei der späteren Erstellung der Texte für die Website und die Social-Media-Auftritte.

Beispiel 3

Grunddefinition: Ich helfe Solo-Selbstständigen und Kleinunternehmer*innen dabei, sich ein engagiertes und zufriedenes Team mit fest angestellten Mitarbeiter*innen erfolgreich aufzubauen, damit sie mit ihrem Business nachhaltig wachsen können.

Feedback: Mal abgesehen davon, dass es wieder Männer und Frauen sind, gibt es wohl keinen größeren Unterschied als den zwischen Solo-Selbstständigen und Kleinunternehmer*innen.

Solo-Selbstständige haben noch kein Team – wie der Name schon sagt – und daher auch überhaupt kein Wissen in diesem Bereich. Kleinunternehmer*innen haben bereits Angestellte und konnten somit bereits Erfahrungen sammeln.

Solo-Selbstständige haben sehr wahrscheinlich nicht unbedingt ein Team von fest angestellten Mitarbeitern im Sinn, um nachhaltig in ihrem Business zu wachsen. Vielleicht geht es ihnen erst einmal um eine virtuelle Assistentin, eine 450-Euro-Kraft.

Also auch hier mussten neue Formulierungen her, um Klarheit zu schaffen.

Nach unserer gemeinsamen Arbeit sah die Grunddefinition folgendermaßen aus: Ich begleite weibliche Coaches im Bereich Onlinebusiness Schritt für Schritt zu ihren ersten freien Mitarbeiter*innen.

Somit hat meine Kundin die Problematik Selbstständige oder Unternehmer*innen so gelöst, dass sie sich für eine Zielgruppe entschieden hat, nämlich weibliche Coaches im Bereich Onlinebusiness. Und vom fest angestellten Team ist sie zu »ersten freien Mitarbeiter*innen« gewechselt, denn hier liegt der Schmerzpunkt ihrer Zielgruppe.

Kommen wir zu den **Fragen:**

Warum möchtest du dir ein Team aufbauen?
Eine sehr gute Frage, und sie hilft auf jeden Fall im Anschluss, eine direkte Kundenansprache zu formulieren.

Hinter dieser Antwort verbirgt sich entweder ein Schmerzpunkt (»Ich habe zu viel Arbeit und nicht genug Zeit!«) oder ein Wunsch (»Ich möchte mein Business skalieren, und dafür brauche ich Unterstützung!«). Finde heraus, um was es sich handelt, und du hast einen tollen Ansatzpunkt zur Kundengewinnung.

Was ist dein größter Wunsch für dein neues Team?
Das ist ein bisschen schwammig formuliert, und auch hier wird überhaupt nicht klar, was genau in Erfahrung gebracht werden soll.

Als ich nachfragte, was genau sie herausfinden wollte, wusste sie es selbst nicht. Und das ist auch gar nicht schlimm. Das kann immer mal passieren. Oft denken wir im ersten Moment: »Das ist eine wirklich tolle Frage!« Aber sobald wir das Ganze noch mal hinterfragen, wissen wir gar nicht mehr, warum wir sie gestellt haben.

Also … löschen!

Welche Aufgaben möchtest du auslagern?
Auch das ist eine sehr wichtige Frage, um die Zielgruppe besser kennenzulernen. Denn so kann eventuell später die eigene Grunddefinition noch angepasst werden. Zum Beispiel könnte meine Kundin sich darauf spezialisieren, die weiblichen Coaches Schritt für Schritt zu ihrer ersten virtuellen Assistenz im Bereich Buchhaltung zu begleiten.

Ich hoffe, anhand der unterschiedlichen Beispiele konntest du einen groben Überblick gewinnen, was ich mit »richtigen und falschen Formulierungen« meine.

Ich möchte noch mal kurz zusammenfassen, was für eine gute Formulierung wichtig ist. Frage dich:

- Was genau will ich von meiner Zielgruppe erfahren?
- Ist der Satz einfach und klar formuliert?
- Verwende ich einfache und verständliche Worte?
- Hilft mir die Antwort dabei, später eine direkte Kundenansprache zu formulieren?
- Brauche ich diese Antwort wirklich?

Wie gesagt, die richtigen Fragen zu formulieren, ist nichts, was wir intuitiv können. Es ist ein Lernprozess, also gibt dir ein wenig Zeit.

UND JETZT BIST DU DRAN:

Formuliere zehn Fragen für deine Umfrage und überprüfe sie wie oben beschrieben.

Wo finde ich meine Zielgruppe?

Die Grunddefinition und die Umfrage sind erstellt, und jetzt geht es daran, das Ganze an den Mann oder die Frau zu bringen. Hierfür eignen sich am besten Facebook-Gruppen. Denn nirgendwo sonst gibt es einen schnelleren Zugriff auf eine große Gruppe von Menschen.

In diesem Part der Zielgruppenarbeit sind zwei der vier Säulen sehr wichtig: Geduld und Fokus.

Geduld, weil es schon mal etwas länger dauern kann, bis genügend Teilnehmer*innen gefunden werden. Und Fokus, weil einfach aufzugeben und »Das bringt mir alles nichts, ich finde eh keine Teilnehmer*innen!« zu sagen, hier definitiv nicht weiterhilft.

Denk immer daran: Wenn du es nicht schaffst, die richtigen Menschen dazu zu bringen, dir ein paar Fragen zu beantworten, wie willst du sie dazu bringen, dein Angebot zu kaufen?!

Los geht es mit der Erstellung von Text und Bild für deinen Facebook-Beitrag. Natürlich gilt wie immer: so einfach und klar verständlich wie möglich.

Hier mal ein Beispiel von meiner allerersten Umfrage zum Thema Zielgruppe:

PROBLEME DAMIT, DEINE ZIELGRUPPE ZU FINDEN?

Hallo, mein Name ist Claudia, und ich bin Business-Coach.

Ich bin gerade dabei, ein neues Angebot auf die Beine zu stellen, das Frauen in der Planungsphase ihres eigenen Onlinebusiness dabei unterstützt, die passende Zielgruppe für sich zu finden.

Ich weiß, dies ist kein einfaches Thema, und genau deswegen möchte ich dich auf diesem Weg so richtig gut unterstützen können.

Doch dafür brauche ich ein paar Informationen von dir, wo genau deine Schwierigkeiten liegen und wobei du dir Unterstützung wünschst.

Ich verspreche dir, die Beantwortung der Fragen wird nicht länger als fünf Minuten dauern!

Vielen Dank für deine Zeit …

In diesem Text ist alles Wichtige enthalten:

- Wer ich bin und was ich mache.
- Wofür diese Umfrage gedacht ist.

- An wen sie gerichtet ist.
- Was die Teilnehmer*innen davon haben.
- Wie lange es dauert, die Umfrage auszufüllen.

Es gibt keine leeren Phrasen oder schöne Umschreibungen, denn die sind gar nicht nötig.

Je einfacher der Text formuliert ist, umso eher werden sich die richtigen Menschen angesprochen fühlen, um dann an der Umfrage teilzunehmen.

Zu meiner Umfrage habe ich folgendes Beitragsbild erstellt:

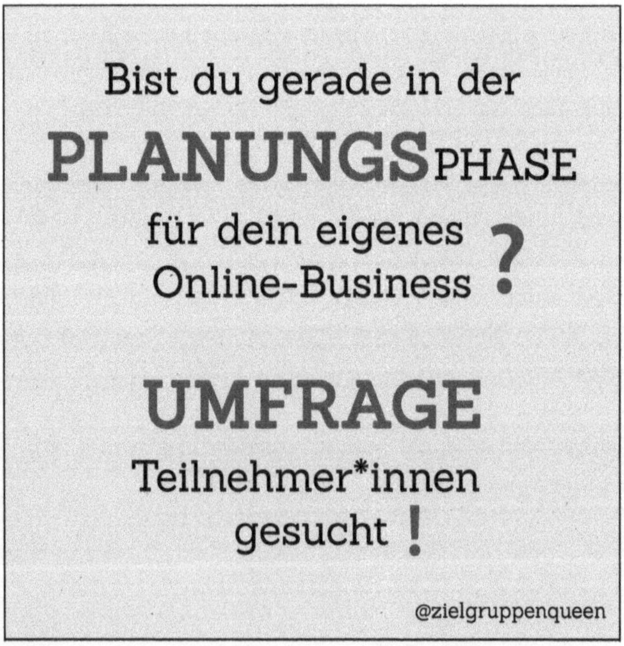

Nicht mehr, nicht weniger.

Ich erstelle alle meine Beitragsbilder für Social Media mit Canva. Es ist einfach zu bedienen, enthält viele Vorlagen und Ideen, und wenn man möchte, kann man es auch kostenfrei erwerben.

Die Wahl der richtigen Facebook-Gruppen

Wie bereits erwähnt, ist es nicht überall gern gesehen, die eigene Umfrage zu posten. Aber es gibt schon einige Gruppen, in denen das erlaubt ist. In manchen kann man ganze Beiträge posten, bei anderen gibt es vorgefertigte Beiträge, in denen man dann seine Angebote/Umfrage als Kommentar einfügen kann.

Ich habe im Laufe der letzten Monate eine Liste mit Gruppen zusammengetragen. Diese Liste findest du ebenfalls auf meiner Website unter: *sogehtzielgruppe.de*.

Es ist auch nicht immer zwingend notwendig, sich eine Facebook-Gruppe auszusuchen, die perfekt zum eigenen Thema passt.

Wenn ich mich jetzt auf Frauen fokussieren würde (mit meinem Thema Zielgruppendefinition), die über Social Media ihre selbst gemachten Produkte vertreiben wollen, wäre es nicht unbedingt hilfreich, meine Umfrage in einer Gruppe für DIY-Produkte zu posten. Denn dort werden sehr wahrscheinlich überwiegend Frauen sein, die sich für DIY-Produkte interessieren, aber nicht zwingend Frauen, die diese auch über Social Media vertreiben wollen. Hier hilft es immer ein wenig, **out of the box** zu denken.

Zuerst sollte ich mich fragen: An welcher Haltestelle will ich meine Kundinnen abholen?

Ist diesen Frauen bereits bewusst, dass sie Unterstützung im Bereich Zielgruppendefinition brauchen? Oder geht es ihnen in erster Linie darum, wie sie ihr Business erfolgreich aufbauen können?

Welche Probleme haben Frauen, die ihre selbst gemachten Produkte über Social Media vertreiben wollen?

- Sie kennen sich mit Social Media im Allgemeinen nicht aus.
- Sie brauchen Unterstützung bei der Sichtbarkeit.
- Sie möchten sich informieren, wie das mit dem Onlinebusiness so geht.

Wenn ich weiß, an welcher Haltestelle ich sie abholen will und welche wahrgenommenen oder tatsächlichen Probleme sie haben, kann ich mich gezielt nach solchen Gruppen umschauen.

Dann sollte ich mich fragen: **Welcher Persönlichkeitstyp ist meine Zielgruppe?**

Wenn ich mir eine rote Persönlichkeit für meine Zielgruppe ausgesucht habe, der es wichtig ist, erfolgreich zu sein und Geld zu verdienen, dann werde ich wohl nicht die richtigen Menschen in einer Facebook-Gruppe mit spirituellem Hintergrund finden.

Und auch noch ein ganz wichtiger Tipp von mir: Niemals die Umfrage von Freunden, Familienmitgliedern und Kollegen ausfüllen lassen und schon gar nicht auf dem eigenen Facebook-Profil posten. Sehr wahrscheinlich befinden sich auf deinem Facebook-Profil eben genau diese Freunde, Familienmitglieder und Kollegen. Aber ich bezweifle stark, dass die auch zu deiner Zielgruppe gehören. Und wenn doch, dann ist es trotzdem nicht hilfreich, wenn sie die Umfrage ausfüllen. Denn es geht darum, für dich fremde Menschen zu finden, die später auch an deinem Angebot interessiert sind.

Das Einzige, was vielleicht helfen könnte, wäre, Freunde, Familie und Kollegen zu bitten, die Umfrage zu teilen. Aber auch das wird meist nicht den gewünschten Erfolg bringen. So lernst du auch nicht, wo du deine Zielgruppe findest. Nur wer selbst sucht, der findet auch. Und glaube mir, wenn du es geschafft hast, gibt es kein schöneres Gefühl!

Ich hatte viele Frauen in meinen Workshops, die zutiefst frustriert waren, dass niemand an ihrer Umfrage teilgenommen hatte. Und als ich sie fragte, wo sie diese denn überall gepostet hatten, bekam ich zur Antwort: »Na, auf meinem Profil!«

Ja, es ist mit Anstrengung verbunden, die richtigen Menschen zu finden. Und ja, es kann auch schon mal frustrierend sein, wenn man an der falschen Stelle sucht. Dass niemand an der Umfrage teilnimmt, hat aber nicht zwingend damit zu tun, dass das Thema oder die Formulierungen falsch sind. Es kann ganz einfach nur daran liegen, dass sich in dieser Facebook-Gruppe eben nicht die Zielgruppe befindet, die man sich ausgesucht hat.

UND JETZT BIST DU DRAN:

Beantworte anhand deiner Grunddefinition die folgenden Fragen:

- Zu welcher Persönlichkeit gehört deine Zielgruppe?
- Was ist ihr Bedürfnis?
- Welche Triebfeder lässt sie entscheiden?
- Wo holst du sie ab?
- Welches Thema bedienst du?

Suche dir mindestens vier bis fünf Facebook-Gruppen, in denen du deine Umfrage posten kannst. Schau dir dazu gern meine Liste an und probiere dann einfach mal einiges aus. Außer dass sich niemand meldet, kann nichts passieren.

Wichtig ist auch, in den Gruppen, in denen es nur gestattet ist, als Kommentar dein Angebot/deine Umfrage zu posten, regelmäßig und immer wieder zu schreiben.

Je mehr du dich sichtbar machst, je mehr Menschen deine Umfrage sehen, umso größer ist die Chance, Teilnehmer*innen zu finden.

Auswertung der Umfrage

Ist die Umfrage draußen, heißt es: geduldig sein und abwarten. Und damit meine ich tatsächlich: mindestens eine Woche lang die Umfrage nicht anfassen, nicht in die Ergebnisse schauen, nichts verändern ... einfach warten.

Was du machen kannst, ist, zu schauen, wie viele Teilnehmer*innen du bereits hast. Sind es nach drei Tagen weniger als fünf, dann bedeutet das: Hier musst du noch mal ran.

Es gibt keine genauen Vorgaben, mit wie vielen Teilnehmer*innen die Umfrage erfolgreich ist und wann diese Zahl erreicht sein soll. Aber wenn nach drei Tagen weniger als fünf Personen an deiner Umfrage teilgenommen haben, dann ist das ein klares Zeichen, dass sie noch nicht an der richtigen Stelle platziert ist.

Recherchiere dann noch mal mindestens drei Gruppen, in denen du deine Umfrage ebenfalls posten kannst. Wenn du dir allerdings sicher bist, dass die Gruppen die richtigen sind, dann könnte es an der Ansprache liegen.

Aber Vorsicht: Verändere erst etwas an der Ansprache, wenn du dir absolut sicher bist, dass es nicht an den Gruppen liegt, und du keine weiteren Gruppen mehr finden kannst, um dies auszuprobieren.

Hast du viele verschiedene Gruppen ausprobiert und bist dir sicher, deine Zielgruppe dort zu finden, dann frage dich:

- Ist die Ansprache in meinem Beitragsbild/Beitragstext wirklich einfach und klar verständlich?
- Kann man sofort erkennen, wer gemeint ist?
- Kann man sofort erkennen, um welches Thema es geht?

Jetzt beginnt die Zeit des Ausprobierens. Doch versuche erst einmal, so wenig wie möglich an der Ansprache und den Fragen zu verändern.

Meist geschieht dies, weil wir verunsichert sind. Und wenn wir verunsichert sind, achten wir nicht mehr darauf, wie unsere Grunddefinition aussieht.

Es kann vorkommen, dass gerade die ersten Teilnehmer*innen nicht genau der Zielgruppe entsprechen. Und natürlich fallen die Antworten dann auch nicht so aus, wie wir es uns erhofft hatten. Und das ist der kritische Punkt. Hier muss jetzt ganz genau überprüft werden: Gehört diese Person wirklich zu meiner Zielgruppe? Ja oder nein?

Sollte es Antworten geben von Teilnehmer*innen, die nicht zur Zielgruppe gehören, dann ist es das Beste, sie direkt zu löschen. Hilfreich sind nur die Antworten von Teilnehmer*innen, die zu mindestens 85 Prozent zu unserer Zielgruppe gehören. Alles andere würde die Auswertung nur verwässern und uns weit von unserer im Vorfeld ausgewählten Zielgruppe entfernen.

Noch ein Tipp von mir für deine Umfrage: Beim Erstellen der Fragen macht es Sinn, darauf zu achten, immer nur EINE Frage zu stellen, sodass auch nur eine Antwort darauf gegeben werden kann.

So solltest du deine Fragen nicht stellen: (zwei in eins)
Frage: Was hast du bisher unternommen, um deine Zielgruppe zu finden? Und was hat es dir gebracht?

So solltest du deine Frage stellen:
Frage: Was hast du bisher unternommen, um deine Zielgruppe zu finden?
Folgefrage: Was genau hat es dir gebracht?

Das dient einzig zur Übersicht bei der Auswertung. Wenn du zwei Fragen in eine packst, hast du später zwei Antworten in einem Feld. Das wird schnell unübersichtlich. Daher immer nur EINE Frage – EINE Antwort.

Und jetzt schauen wir uns mal an, wie eine Umfrage ausgewertet werden kann. Es gibt natürlich noch andere Wege, doch zeige ich dir nun die Methode, mit der ich regelmäßig meine Umfragen auswerte.

Es macht Sinn, sich bei Erstellung der Umfrage eine Frage herauszusuchen, anhand derer man im Verlauf der Auswertung gut erkennen kann, ob die Teilnehmer*innen auch wirklich zur Zielgruppe gehören. Ist anhand dieser Frage nicht klar erkennbar, ob die Teilnehmer*innen zur Zielgruppe gehören, müssen alle weiteren Antworten überprüft werden.

Ich gehe folgendermaßen vor:
Wenn ich nicht direkt sagen kann: »Ja, gehört zu meiner Zielgruppe!«, dann sortiere ich diese Antworten aus. Und somit auch alle, die in den Bereich »Ich weiß nicht genau!« fallen. Denn nur wenn ich absolut sicher bin, dass es sich um meine Zielgruppe handelt, können mir die Antworten später wirklich weiterhelfen.

Habe ich alle Antworten aussortiert, die nicht zu meiner Zielgruppe gehören, schaue ich bei den verbliebenen nach, wer davon die E-Mail-Adresse hinterlassen hat.

Alle Antworten, die klar zu meiner Zielgruppe gehören und ihre E-Mail-Adresse hinterlassen haben, drucke ich mir aus. Das Ausdrucken der Antworten hilft mir dabei, einen besseren Überblick zu bekommen, und so kann ich mir direkt auch Notizen dazu machen. Solltest du lieber am Rechner arbeiten wollen, ist das auch okay. Hier gibt es kein »richtig« oder »falsch«.

Warum sortiere ich die Teilnehmer*innen mit der E-Mail-Adresse aus? Weil ich mir deren Antworten als Erstes ausführlich anschauen werde. Denn aus diesen Antworten wähle ich diejenigen aus, mit denen ich im Anschluss ein persönliches Gespräch führen möchte.

Für die restliche Auswertung erstelle ich mir eine Excel-Tabelle, in die ich dann händisch alle Antworten eintrage. So erhalte ich einen guten Überblick über alle Antworten und kann später immer wieder gezielt nachschauen.

Natürlich hat man auch eine Übersicht in den einzelnen Tools. Aber mir ist aufgefallen, dass, wenn ich die Daten in die Excel-Tabelle übertrage, sie mir besser in Erinnerung bleiben. Ich beschäftige mich intensiver damit, als wenn ich sie mir einfach alle nur durchlese. UND die Übersicht in solch einer Tabelle ist besser als in den Tools selber.

Zu beachten ist :

- Jede Frage bekommt eine Spalte.
- Jede*r Teilnehmer*in bekommt eine Zeile.

	Würdest du dich als perfektionistisch beschreiben?	Wenn ja, wo würdest du dich einordnen? (Skala 1–10)	Was sind deine größten Ängste, wenn es um deine Positionierung geht?
Johanna	→ 1 Zeile pro Teilnehmer*in		
Steffi			
Petra			
Lisa			1 Spalte
Caroline			pro Frage

Und selbstverständlich werden auch wieder nur die Antworten von Teilnehmer*innen eingetragen, die ganz klar zur Zielgruppe gehören.

Ist diese Liste vollständig, geht es daran, Antworten zu finden, die immer wieder vorkommen. Sehr wahrscheinlich handelt es sich dabei um bestimmte Formulierungen, Probleme, Herausforderungen, Ziele. Diese schreibe ich mir gesondert auf ein extra Blatt Papier. Das sind die Aussagen, die später in den Social-Media-Beiträgen verwendet werden können.

Und auf diese Antworten komme ich im nächsten Teil des Buches noch mal ausführlicher zu sprechen.

Warum Interviews?

Umfragen sind ein wirklich hilfreiches Tool, um mit der eigenen Zielgruppe den ersten Kontakt aufzunehmen. Aber es geht nichts über den persönlichen Kontakt in einem Gespräch. Interviews – also persönliche Gespräche mit der eigenen Zielgruppe – kann man entweder per Telefon oder Videochat führen.

Ich empfehle ganz klar den Videochat. Denn so hast du deine Gesprächspartner*innen direkt vor Augen, und das ist für die Zielgruppendefinition um einiges effektiver. In so einem Videochat haben wir nicht nur die Stimme dieser Person, sondern zum ersten Mal auch ein richtiges Bild vor Augen. Das ist der Moment, in dem unsere Grunddefinition real wird.

Natürlich zeigen die Antworten der Umfrage bereits, dass es tatsächlich Menschen gibt, die genau so sind, wie wir sie uns vorgestellt haben, aber diese dann live und in Farbe vor uns sitzen zu sehen, ist noch mal etwas ganz anderes. Meist verschwinden an diesem Punkt der Zielgruppenarbeit viele Befürchtungen und Ängste gemeinsam mit der Unsicherheit und Fragen wie:

- Interessiert sich überhaupt jemand dafür?
- Ist es die richtige Zielgruppe?
- Ist es das richtige Thema?

Ich kann dir sagen, es gibt kaum ein schöneres Gefühl, als zum ersten Mal jemanden vor dir sitzen zu haben – mit leuchtenden Augen –, der/die dir sagt, wie sehr er/sie darauf gewartet hat, dass sich endlich jemand mit diesem Thema beschäftigt.

Und damit auch du dieses Gefühl erleben kannst, sprechen wir auf den nächsten Seiten darüber,

- wie du die Interviews vorbereitest,
- welche Fragen die besten sind
- und wie die Interviews später ausgewertet werden.

Wie du Interviews vorbereitest

Nachdem du all die Antworten mit den E-Mail-Adressen aussortiert hast, geht es daran, einen Text vorzubereiten. Und zwar einen Text für die Einladungsmail an diese Teilnehmer*innen. Jetzt kommt es ganz darauf an, wie viele Antworten mit E-Mail-Adresse du erhalten hast und wie viele davon wirklich gut zu deiner Zielgruppe passen.

Sind es weniger als zehn Antworten, dann ist es noch möglich, alle Termine händisch zu organisieren. Sind es mehr als zehn Antworten, würde ich auf jeden Fall zu einem Kalendertool wie zum Beispiel Calendly raten. Dort kannst du die möglichen Termine eingeben, und deine Teilnehmer*innen können sich den für sie passenden Termin aussuchen.

SO KÖNNTE DER TEXT FÜR EINE EINLADUNGSMAIL AUSSEHEN:

Hallo, xyz,
ich freue mich sehr, dass du dir die Zeit genommen hast, an meiner Umfrage teilzunehmen. Jetzt möchte ich dich gern zu einem persönlichen Gespräch via Zoom einladen.
Das Gespräch wird nicht länger als 30 bis 45 Minuten dauern, und ich möchte dir gern ein paar weitere Fragen stellen, um noch ein wenig tiefer ins Thema einzutauchen.

Wenn du eine Frage zum Thema hast, kannst du diese auch gern mitbringen. Ich freue mich schon darauf, sie dir zu beantworten.

(Für die Version unter zehn Antworten) Ich habe dir hier drei mögliche Termine notiert, an denen wir uns treffen können. Welcher davon wäre für dich passend?
Sollte keiner dieser Termine passend für dich sein, dann schick mir gern zwei weitere Termine, und ich schaue, ob sie bei mir passen.

(Für die Version über zehn Antworten) Wenn du auf den folgenden Link klickst, kommst du zu meinem Kalendertool. Such dir bitte dort einen für dich passenden Termin aus.

(Für alle) Ich freue mich schon sehr, dich persönlich kennenzulernen, und wünsche dir bis dahin noch eine schöne Zeit.

Liebe Grüße, Claudia

Ich würde dir raten, solange du deine Termine selbst verwaltest, nicht mehr als zwei Einladungen auf einmal zu verschicken, außer du hast dafür unterschiedliche Termine ausgesucht.

Sobald die Termine stehen, geht es daran, die Fragen vorzubereiten.

Welche Fragen bringen dich weiter?

Im Prinzip geht es weniger um die Fragen, die gestellt werden, als darum, unserer Zielgruppe zuzuhören. Zu Beginn helfen ein paar Fragen, um miteinander warm zu werden. Das müssen gar nicht viele sein, sie dienen einfach nur dazu, ins Thema zu finden.

Die Umfrage war dafür da, die eigene Zielgruppe besser kennenzulernen. Mit den Interviews wollen wir herausfinden:

- An welchem Punkt steht meine Zielgruppe gerade?
- Welche Fragen beschäftigen sie?
- Was ist ihre größte Herausforderung?
- Wobei wünscht sie sich Unterstützung?
- Was sind ihre Ziele?

Nehmen wir das Thema Zielgruppendefinition. Ich würde meinen Interviewpartnerinnen folgende Fragen stellen:

- Hast du dich bereits mit der Definition deiner Zielgruppe auseinandergesetzt?
- Bei der Antwort »Nein«: Warum nicht?/Bei der Antwort »Ja«: Wie war das für dich?
- Was macht es dir so schwer, dich mit deiner Zielgruppe zu beschäftigen?
- Welche Fragen hast du zu diesem Thema?
- Was ist deine größte Herausforderung, wenn es um die Definition deiner Zielgruppe geht?
- Welche Art von Unterstützung wünschst du dir?
  - Onlinekurs (Selbstlernkurs)
  - Vierwöchiger Workshop
  - Dreimonatiges Mentoring
- Wobei genau wünschst du dir die Unterstützung?
- Was möchtest du erreichen?

So oder so ähnlich können die Fragen für die Interviews aussehen. Wichtig ist, dass es jetzt so langsam Richtung Angebot geht. Finde heraus, welche Art von Angebot deine Zielgruppe bevorzugen würde. Denn nicht jede Zielgruppe mag monatelanges Mentoring. Manche mögen es lieber im Einzelcoaching, andere im Gruppencoaching (hängt ganz von der Persönlichkeit ab). Dann gibt es die Möglichkeit für ein Tagesseminar, ein Wochenendseminar, einen Wochenworkshop und so weiter.

Also, welche Art der Unterstützung wünscht sich deine Zielgruppe und in welchem Zeitrahmen?

Ganz wichtig: Frage niemals, welchen Preis sie für dein Angebot bezahlen würden!

Wenn du bei diesem ersten Gespräch fragst: »Stell dir vor, es gäbe einen 4-Wochen-Workshop, in dem ich dir erkläre, wie das mit der Zielgruppendefinition wirklich funktioniert, was würdest du dafür bezahlen?« – was soll deine Zielgruppe darauf antworten? Sie weiß doch gar nicht, welche Inhalte dieser Workshop mit sich bringt. Gibt es Q&A-Sessions? Gibt es Unterlagen? Gibt es Videos? Die Preisgestaltung deines Angebots kommt erst viel später! Das ist jetzt noch gar nicht wichtig. Und im Prinzip weißt du selbst noch gar nicht wirklich, was genau dein Angebot beinhaltet.

Am besten ist es, sich die Fragen vorher zu notieren, sodass auch keine vergessen werden. Denn meist läuft so ein Gespräch anders als geplant. Lass dich nicht dazu hinreißen, direkt alle Fragen deiner Zielgruppe zum Thema zu beantworten. **Dieses Interview ist dafür da, dass die Zielgruppe spricht … nicht du!** Wenn all deine Fragen gestellt wurden, ist immer noch Zeit, die Fragen unserer Gesprächspartner*innen zu beantworten. Und das würde ich auch auf jeden Fall empfehlen. Denn so kannst du deinen Expertenstatus zeigen und auch deine Gesprächspartner*innen begeistern.

Ich sage immer: Die Menschen, die bereit sind, sich 30 bis 45 Minuten mit uns persönlich zu einem Thema zu unterhalten, sind sehr wahrscheinlich auch bereit, am ersten Beta-Angebot teilzunehmen. Daher ist es wichtig, sie zu begeistern und sie neugierig zu machen. Sie könnten deine ersten zahlenden Kund*innen sein.

Interviews durchführen

Ich nutze für meine Interviews Zoom. Es gibt natürlich auch noch viele andere Videoplattformen, die genutzt werden können. Und wie bereits gesagt: Ich empfehle auf jeden Fall einen Video-Call. Denn so können wir unsere*n Gesprächspartner*in nicht nur sehen, sondern wir können das Gespräch auch aufzeichnen, natürlich nur, insofern unsere Gesprächspartner*in eingewilligt hat. Denn während eines Interviews nimmst du gar nicht alles wahr, was gesprochen wird. Und um dir Notizen zu machen, hast du keine Zeit.

Wurde das Interview aufgenommen, haben wir im Anschluss die Möglichkeit, es uns noch einmal in aller Ruhe anzuschauen ... und das auch mehrfach! Aber dazu komme ich gleich, wenn es um die Auswertung der Interviews geht.

Und ich möchte es noch mal betonen, denn es ist wirklich ungemein wichtig: **Erst die Fragen stellen, dann Fragen beantworten und Mehrwert geben**. Es geht darum, so viele unverfälschte Antworten wie möglich von der eigenen Zielgruppe zu bekommen.

Es kann auch mal vorkommen, dass das Gespräch nicht wie erhofft verläuft, weil unser Gegenüber doch nicht zu uns passt. Das ist überhaupt kein Problem. Denn nur weil diese Person in der Umfrage aussah wie die perfekte Zielgruppe, muss das in der Realität noch lange nicht so sein. Deshalb machen wir diese Interviews: um die Ergebnisse aus der Umfrage zu überprüfen.

Man könnte auch sagen: Das ist wie eine 2-Stufen-Authentifizierung. Sollte recht schnell klar sein, dass das Gegenüber nicht zur Zielgruppe gehört, dann kann das Gespräch auch zügig abgebrochen werden. Es besteht keine Notwendigkeit, dieses Gespräch künstlich am Leben erhalten zu wollen. Denn uns helfen nur die Antworten unserer Zielgruppe. Gehört das Gegenüber nicht dazu, dann hilft uns das nicht weiter!

Diese Gespräche müssen dann selbstverständlich auch nicht ausgewertet werden.

Auswerten der Interviews

Mindestens fünf Interviews sollten durchgeführt worden sein, bevor es an die Auswertung geht. Der Grund dafür ist der gleiche, aus dem auch die Umfragen erst nach einer Woche angeschaut werden sollten. Wir tendieren dazu, schnell den Fokus zu verlieren. Und um alle Interviews gleich zu führen – ohne die Fragen oder den Aufbau zu verändern – macht es Sinn, mit der Auswertung zu warten.

Bei der Auswertung schauen wir uns alle Videos jeweils **dreimal** an:

Beim ersten Mal geht es darum, alle wichtigen Aussagen zu notieren, und zwar ganz genau so, wie unsere Zielgruppe sie ausgesprochen hat – im O-Ton sozusagen.

Beim zweiten Mal schalten wir den Ton aus. Jetzt geht es darum, sich die Zielgruppe genau anzuschauen, Mimik, Gestik, alles im nonverbalen Bereich.

Zwischen dem zweiten und dritten Anschauen der Aufzeichnung sollte mindestens ein Tag liegen.

Denn beim dritten Mal schreiben wir alles auf, was uns beim ersten Mal nicht aufgefallen ist. Hier ist es wichtig, auch auf die Nebensätze zu achten. Kleinigkeiten können später für die Kundenansprache wirklich wichtig sein.

Am sinnvollsten ist es, die Notizen für jede*n Gesprächspartner*in einzeln zu notieren, um dann im Anschluss wieder zu überprüfen, wo die Überschneidungen liegen. Denn das sind die Punkte, die wir später in der Kundenansprache und Beitragserstellung für Social Media wirklich gut brauchen können.

Meist gibt es einen Satz oder eine Frage, der/die immer wieder aufkommt. Dieser Satz/diese Frage sollte als **Fokus-Satz/-Frage** für den Social-Media-Account genutzt werden.

Ich erinnere mich, dass das bei meiner ersten Interview-Auswertung die Frage war: Wie finde ich meine Zielgruppe? Und so habe ich meinen Instagram-Account regelrecht um diese eine Frage herum aufgebaut. Jeder Beitrag, den ich geschrieben habe, hat diese Frage beantwortet. So habe ich meiner Zielgruppe die Möglichkeit gegeben, sich in jedem meiner Beiträge wiederzufinden. Aber dazu mehr in Teil 3 – der Kundenansprache.

Was kommt danach? Dienstleistungen – Coaching, Training und Beratung

All das, was wir bisher besprochen haben, war nur der Anfang des Weges. In diesem Kapitel werden wir jetzt über die Schritte sprechen, die als Nächstes anstehen. Leider gibt es keinen Weg, der für alle gleich gut passt. Es kommt natürlich darauf an, mit welchem Thema und mit welchem Angebot es jetzt weitergehen soll.

Nachdem die Umfrage und die Interviews ausgewertet sind, geht es daran, den Social-Media-Account aufzusetzen, die Website zu erstellen und ein Angebot zu planen.

Ich bekomme sehr oft die Frage, ob es Sinn macht, schon vorher eine Website oder einen Social-Media-Account zu erstellen. Und ich kann immer nur sagen: Meiner Meinung nach macht es keinen Sinn, das alles zu starten, bevor man weiß,

- WEN genau man ansprechen möchte
- und WAS die eigene Zielgruppe wirklich will.

Denn Website und Social-Media-Auftritt bestehen im Prinzip aus nichts anderem als aus der Kundenansprache. Und die kannst du erst richtig formulieren, wenn du weißt, für wen und für was.

Bevor es aber losgeht mit Website und Social Media, sollte auf jeden Fall das Branding stehen, also Name und Farbgebung. Und natürlich ist auch das auf die eigene Zielgruppe ausgelegt.

Denk immer daran: **DU suchst dir deine Zielgruppe aus, aber deine Zielgruppe entscheidet über deinen Onlineauftritt und dein Angebot!**

Steht das Branding, würde ich mit einem One-Pager starten. Ein One-Pager ist eine Website mit nur einer Seite. Sie hat also keine Unterseiten wie:

- Über mich
- Podcast
- Angebote
- Kontakt
- … und so weiter.

Hier geht es darum, dass deine Zielgruppe einen ersten Eindruck von dir und deiner Arbeit bekommt. Du kannst alles Wichtige auf nur einer Seite unterbringen. Bei der Überlegung, wie viel du von dir selbst erzählen sollst, liegt der Fokus auf der Zielgruppenpersönlichkeit.

Bei einer roten Zielgruppe brauchst du keine Romane zu schreiben. Erkläre einfach kurz, wer du bist und was du machst – das reicht aus. Dazu gibst du noch eine kurze Übersicht deiner Expertise … fertig.

Bei der gelben Zielgruppe helfen Testimonials mehr als eine lange Beschreibung, was du alles so kannst. Auch hier reicht ein kurzer Überblick in Kombination mit vielen Testimonials.

Bei der grünen Zielgruppe ist es wichtig, wer DU bist. Sie legen mehr Wert auf deine Persönlichkeit und wie du als Mensch bist.

Und für die blaue Zielgruppe ist es sehr wichtig, dass du ganz detailliert aufzählst, was du alles kannst und woher du das alles kannst. Wenn du dann noch ein paar Zertifikate und Zeugnisse beifügen kannst, sind sie glücklich.

Also: Bei der roten und gelben Zielgruppe eine kurze Übersicht, bei der grünen und blauen Zielgruppe darf es gern auch etwas mehr Text zu dir als Person sein.

Wenn du noch kein Angebot hast, ist das kein Problem. Schreibe kurz darüber, was du planst. Das reicht erst mal. Du brauchst dir keine Gedanken darüber zu machen, dass du so keine Kunden gewinnst. Denn … du hast ja noch nicht mal ein Angebot. Dieser One-Pager dient in erster Linie dazu, dass deine Zielgruppe (die du über den Social-Media-Account angesprochen hast) sich noch ein wenig mehr über dich und deine Arbeit informieren kann.

Nach Branding und Website kommen die Social-Media-Portale dran. Was alles dazugehört, darüber sprechen wir im letzten Teil dieses Buches noch ausführlich. Daher werde ich jetzt nicht tiefer in dieses Thema einsteigen.

Im nächsten Schritt kommt das Angebot. Und hier kommt es darauf an, welche Richtung du einschlagen willst. Folgende Möglichkeiten gibt es:

- Tages-/Wochenendseminar
- x-Wochen-Workshop
- x-Wochen/x-Monate-Mentoring
- Eins-zu-eins-Coaching
- Onlinekurs

Bei allem ab einem mehrwöchigen Workshop – also im Prinzip alles, was länger als ein Wochenende läuft – würden sich ein paar Beta-Durchläufe anbieten.

Was bedeutet das?

Wenn ein Workshop oder Mentoring als Gruppenangebot und über mehrere Wochen geplant werden soll, ist es hilfreich, zuerst ein paar Übungsrunden zu drehen. Denn wenn wir uns jetzt hinsetzen und das komplette Programm des Workshops/Mentorings auf einmal planen und dann loslegen … kann es passieren, dass die Teilnehmer*innen unseres Angebotes etwas ganz anderes brauchen, als wir uns im Vorfeld gedacht haben.

Ich rate meinen Kundinnen immer, dass sie für den ersten Durchgang dieses Angebotes nur die erste Woche vorplanen. Der Rest ergibt sich dann »im laufenden Betrieb« Woche für Woche.

Oft ist es so, dass wir eine genaue Vorstellung haben, wie unser Angebot ablaufen soll. Doch dann startet die erste Woche, und wir stellen fest: »Verdammt, die Teilnehmer*innen kommen nicht mit.« Oder sie brauchen an dieser Stelle etwas ganz anderes. Oder es geht ihnen zu langsam. Beim ersten Durchgang des neuen Gruppenangebotes gibt es eine Menge Faktoren, die dafür sorgen, dass es anders läuft als gedacht. Daher: Plane immer alles Woche für Woche, so bist du immer up to date!

Während des ersten Workshops/Mentorings ist es ungemein wichtig, sich regelmäßig Feedback von den Teilnehmer*innen zu holen. Das hilft dabei, unsere Zielgruppe noch besser kennenzulernen, aber auch, zu erfahren,

- was sie nicht verstanden haben,
- was sie gut fanden,
- was sie nicht gut fanden,
- welche Fragen noch offengeblieben sind.

Denn nicht vergessen: Wir sind die Experten, und so manche Fragestellungen sind uns gar nicht bewusst.

Dieses Feedback können wir nutzen, um noch während dieses Durchgangs Dinge zu verbessern, aber ganz besonders, um für den nächsten Durchgang kleine Veränderungen vorzunehmen. So wird unser Angebot von Durchgang zu Durchgang hilfreicher für unsere Zielgruppe. Die Fragen, die während der Durchgänge aufkommen, können auch für Social-Media-Beiträge verwendet werden.

Wenn die Planung für das erste (Beta-)Angebot steht, geht es im ersten Schritt daran, ein Freebie zu erstellen. Und zwar eins, das perfekt auf die eigene Zielgruppe zugeschnitten ist. Und um die ganzen E-Mail-Adressen vom Freebie einzusammeln, braucht es ein gutes E-Mail-Marketingtool.

Jetzt ist es wichtig, das Freebie an die Zielgruppe mit einer gut ausgearbeiteten Social-Media-Content-Strategie zu bringen, um dann, wenn die Liste sich gut gefüllt hat, den Launch für das erste Angebot zu planen.

Ich würde für Beta-Angebote schon drei bis vier Durchgänge empfehlen. Auch wenn es sich hier finanziell nicht wirklich lohnt, aber mit jedem Durchgang erfahren wir mehr über unsere Zielgruppe und können so noch gezielter die richtigen Menschen ansprechen. Und wir können unser Angebot wirklich punktgenau auf unsere Zielgruppe zuschneiden, was uns später bei der weiteren Vermarktung ungemein hilft.

Onlinekurse

Ich möchte dem Thema Onlinekurs ein ganzes Kapitel widmen, weil ich weiß, wie angesagt dieses Thema gerade ist.

Im Netz gibt es viele Anbieter, die immer wieder davon sprechen, wie toll es doch ist, einen eigenen Onlinekurs zu haben, und wie einfach man damit regelmäßig und automatisiert Einnahmen generieren kann.

Meine Meinung dazu: **Ein Onlinekurs ist definitiv nicht als erstes Angebot geeignet!**

Wenn du gerade dabei bist, ein erstes Angebot zu erstellen, dann entscheide dich bitte nicht für einen Onlinekurs. Auch wenn das als die einfachste, schnellste und beste Möglichkeit erscheint. Zum einen gehört echt eine ganze Menge dazu, einen guten und hochwertigen Onlinekurs zu erstellen, und zum anderen weißt du doch noch gar nicht wirklich, was deine Zielgruppe braucht. Im schlechtesten Fall (der sehr wahrscheinlich ist, wenn mit einem Onlinekurs gestartet wird) stecken viel Arbeit, eine Menge Zeit, Geld und Nerven in der Erstellung, und dann … interessiert sich niemand dafür.

Um mit einem Onlinekurs erfolgreich zu sein und regelmäßig Geld zu verdienen, sollte im Vorfeld absolut klar sein,

- was das Problem der eigenen Zielgruppe ist,
- was es alles braucht, um dieses Problem zu lösen,
- und welche Fragen die Zielgruppe zu dieser Lösung hat.

Was auch nicht zu unterschätzen ist: Mag die Zielgruppe überhaupt Videos? Denn auch in diesem Punkt gibt es Unterschiede in den Persönlichkeitstypen. Manche lesen lieber Blogbeiträge, andere hören lieber Podcast und wieder andere mögen Videos. Haben wir jetzt eine Zielgruppe, die gern Podcast hört, aber nicht wirklich Lust hat, vor dem Monitor zu sitzen, werden wir den Onlinekurs nicht verkauft bekommen.

Der beste Weg ist also:

- zuerst eine klare Grunddefinition erstellen,
- dann eine Umfrage ausarbeiten,
- daraus Interviews generieren,
- dann anhand der Interviews ein Beta-Angebot erstellen,
- das Beta-Angebot durchführen und Feedback von den Teilnehmer*innen einholen,
- Feedback auswerten, Angebot anpassen,
- den nächsten Durchgang mit dem Beta-Angebot durchführen und wieder Feedback von den Teilnehmer*innen einholen,
- Feedback auswerten.
- Und dann erst wäre der richtige Zeitpunkt, um das Angebot als Onlinekurs aufzusetzen.

Nur so können wir uns absolut sicher sein, dass die Struktur und die Inhalte auch wirklich zu unserer Zielgruppe passen.

Das Wichtigste aber ist, dass wir bereits die Fragen zu den einzelnen Modulen im Beta-Angebot kennen. Und somit können wir die Antworten schon so einbauen, dass im Onlinekurs erst gar keine Fragen mehr aufkommen. Denn so ein Onlinekurs ist ein Selbstlernkurs. Das bedeutet, unsere Teilnehmer*innen sitzen allein vor ihrem Monitor und müssen direkt verstehen, um was es geht.

Wenn ich dagegen einen vierwöchigen Workshop via Zoom anbiete, dann bin ich für meine Teilnehmer*innen immer greifbar. Und im Gegenzug kann auch ich mir immer wieder Feedback von ihnen holen. Mit jeder Durchführung dieses Workshops in der Gruppe lerne ich mehr über meine Zielgruppe, über ihre Persönlichkeit, wie sie sich entscheidet und was sie von mir zu welcher Zeit braucht. Je früher ich dieses Angebot also in einen Onlinekurs verwandle, nur um automatisiert Geld zu verdienen, umso geringer ist die Chance, mit diesem Kurs erfolgreich zu werden.

Ein guter Weg wäre also, das Angebot (Workshop/Mentoring) mehrfach als Gruppenangebot zu geben, um es dann als Onlinekurs in die Automation zu geben. Viele der großen Coaches machen das regelmäßig, um ihr Angebot so weiterhin für ihre Zielgruppe bereitzustellen, aber selbst mit einem neuen Angebot live aufzutreten.

Dann kommt noch hinzu:

Um solch einen Kurs gut verkaufen zu können, braucht es entweder eine gut gefüllte E-Mail-Liste oder ein wirklich großes Werbebudget. Denn – wie bei jedem Angebot, mit dem ich auf den Markt gehe – es bringt mir nichts, es einer kalten Zielgruppe anzubieten.

Auch wenn du dich für eine rote Zielgruppe entschieden hast, ist die Chance, dass sie direkt kaufen, nur weil sie die Anzeige/den Beitrag für deinen Kurs gelesen haben, eher gering.

Wie sieht der Weg bei (selbst gemachten) Produkten aus?

Wir haben darüber gesprochen, wie der Weg als Coach, Trainer*in oder Berater*in aussehen könnte. Jetzt möchte ich das Thema (selbst gemachte) Produkte in den Mittelpunkt stellen. Denn alle Tipps und Tricks für Dienstleister bringen in diesem Bereich gar nichts. Der Weg ist ein völlig anderer.

Auch hier starten wir selbstverständlich mit einer Grunddefinition, einer Umfrage und den folgenden Interviews.

Bei Dienstleistern wie Coaches, Trainer*innen und Berater*innen sollte der Fokus auf den folgenden Punkten liegen:

- Welches Problem/Bedürfnis hat meine Zielgruppe?
- Wie kann ich Mehrwert für meine Zielgruppe anbieten, sodass sie Vertrauen zu mir und meiner Arbeit fasst?
- Welches Angebot passt perfekt zu meiner Zielgruppe?

Wohingegen bei Produktanbietern der Fokus auf folgenden Punkten liegen sollte:

- Welche Triebfeder sorgt dafür, dass mein Angebot gekauft wird?
- Wie kann ich dafür sorgen, dass meine Produkte bei meiner Zielgruppe in Erinnerung bleiben?
- Wie erstelle ich eine Produktwelt, in der sich meine Zielgruppe wohlfühlt, sodass sie gerne immer wieder vorbeischaut?

Niemand würde gezielt über Social Media suchen, um bestimmte Produkte zu kaufen. Dafür gibt es andere bekannte Plattformen. Ich vergleiche es gern mit Fernsehwerbung. Dort stellt sich auch niemand hin, hält das Produkt in die Kamera, und schon rennen alle los, um es zu kaufen.

Mit der eigenen Produktwelt – dem Image, das ich erschaffe – sorge ich dafür, bei meiner Zielgruppe in Erinnerung zu bleiben, damit sie sich in dem Moment, in dem sie bewusst nach dem Produkt sucht, an mein Angebot erinnert. Oder – und das ist natürlich der beste Fall – dass sie von meiner Produktwelt so begeistert sind, dass sie es Freunden, Familienmitgliedern und Kollegen empfiehlt, wenn das Thema aufkommt.

Mit Produktwelt meine ich jetzt aber nicht, dass es reicht, einfach nur einen Katalog der eigenen Produkte als Bilder auf Social Media zu posten. Sondern es muss tatsächlich über den Social-Media-Account eine Welt rund um die eigenen Produkte erschaffen werden. Und das erreichen wir mit Storytelling – Geschichten erzählen.

Bei der Auswahl der Produktwelt kommt es auch wieder auf die Persönlichkeit, das Bedürfnis und die Triebfeder der eigenen Zielgruppe an. Was ist für die eigene Zielgruppe so wichtig, dass sie daraufhin die Kaufentscheidung fällt?

Beispiel *Kinderkleidung*

Bei diesem Thema fällt die Kaufentscheidung ganz klar in den grünen, den Harmoniebereich. Ganz egal, ob die Zielgruppe rot, gelb, grün oder blau ist – wenn es um Familie, Kinder und Haustiere geht, entscheiden wir alle mit der Triebfeder *Harmonie*.

Wenn ich jetzt beispielsweise Kleider für Mädchen bis zu drei Jahren anbiete, wäre es wichtig herauszufinden, wo der Schmerzpunkt dieser Zielgruppe liegt. Vielleicht haben viele Mütter weder die Zeit noch die Lust, die Kleider ständig zu bügeln, und kaufen ihren Mädchen daher lieber Latzhosen, denn die sind pflegeleichter.

Wenn ich jetzt Kleider anbiete, die nicht gebügelt werden müssen, wäre das der perfekte »Aufhänger« für meine Produktwelt: das bügelfreie Kleid für Mädchen bis zu drei Jahren. Daraus ergeben sich ein glückliches Kind (Harmonie) und eine glückliche Mutter, da sie nicht bügeln muss (Schmerzpunkt).

Und damit wird mein Angebot im Kopf bleiben, und in dem Moment, wenn es mal wieder an die Entscheidung Kleid oder Latzhose geht, wird die Zielgruppe sich an mich erinnern. Und gerade wenn es um Mütter geht: Sobald sie Gefallen an einem Produkt finden, erzählen sie das gerne auch weiter!

Die Produktwelt für Kinderkleider könnte einschließen:

- die Stoffauswahl,
- den Zuschnitt,
- die Herstellung,
- die Verwendungsmöglichkeiten.

Du kannst sie auch mit zum Einkaufen nehmen und Beiträge darüber schreiben!

Ganz egal, wie: Es dreht sich alles nur um diese bügelfreien Kleider! Und ja, auch wenn es noch viel mehr Kinderkleidung in deinem Angebot gibt, der Fokus liegt auf diesem einen Produkt. Sobald die Zielgruppe neugierig geworden ist, wird sie sich auch das restliche Angebot anschauen.

Beispiel *Bücher*

Bei diesem Thema fällt die Kaufentscheidung in den gelben, den Stimulanzbereich. Das beste Beispiel sind hier Ratgeber zu allen Lebensbereichen und Lebenslagen. Hand aufs Herz, wie viele hast du schon im Regal stehen?

Diese Bücher helfen uns dabei, zumindest das Gefühl zu haben, dass wir etwas für uns selbst tun, dass wir etwas verwirklichen, was wir uns schon lange wünschen. Auch hier ist der »Wunsch« die perfekte Triebfeder. Also heißt es herauszufinden, was sich die Zielgruppe schon länger wünscht.

Jetzt wirst du dich vielleicht fragen, was Bücher mit (selbst gemachten) Produkten zu tun haben. Wenn du beispielsweise im Affiliate-

Bereich unterwegs bist, kann es sein, dass du verschiedene Bücher im Angebot hast. Wichtig ist immer, sich auf eine Zielgruppe zu fokussieren. Und gerade, wenn es um Affiliate geht, solltest du darauf achten, dass die Angebote auch alle zu dieser einen Zielgruppe passen. Für diese Produktwelt wäre es also wichtig herauszufinden, welche Wünsche dafür sorgen, dass eine Kaufentscheidung getroffen wird, und danach eine Produktwelt inklusive der ganzen Storys zu kreieren.

Beispiel *Sportgeräte*

Bei diesem Thema fällt die Kaufentscheidung in den roten, den Geltungsbereich. Menschen, die sich gezielt Sportgeräte kaufen, wollen nur eins: mit ihrem Sport etwas erreichen, erfolgreich sein, etwas für sich und ihren Körper tun.

Bei dieser Zielgruppe heißt es also herauszufinden, was sie mit Sport verbindet. Und wie in Teil 1 beschrieben, kann bei der roten Zielgruppe auch der Wunsch die treibende Kraft zur Entscheidung sein.

Gerade bei Sport ist es hilfreich, wenn wir es schaffen, unserer Zielgruppe ein Bild in den Kopf zu setzen, wie sie selbst etwas erreicht – etwas schafft, sodass sie selbst bereits das Ergebnis vor ihrem inneren Auge hat.

Nehmen wir als Beispiel die Werbung von Peloton – Fitnessbikes + App. Die Werbung spiegelt den zukünftigen Erfolg wider. Und gerade, wenn die Zielgruppe keine Lust hat, alleine mit dem Fitnessbike zu Hause zu trainieren, ist solch eine App sehr vorteilhaft, denn sie fördert das Gruppengefühl. Die Zielgruppe fühlt sich nicht mehr alleine.

Es geht also darum, ein Erfolgsgefühl bei der eigenen Zielgruppe hervorzurufen, noch bevor sie überhaupt mit dem Sport begonnen hat. Denn dieses Erfolgsgefühl wird sie dazu bringen, die Entscheidung zu fällen, das Sportgerät zu kaufen … oder eben nicht.

Beispiel *Schreibwaren – Journals*

Bei diesem Thema fällt die Kaufentscheidung in den blauen, den Sicherheitsbereich. Menschen mit einer blauen Persönlichkeit lieben To-do-Listen, Pläne und die Möglichkeit, alles schön sortiert zu notieren. Wichtig ist herauszufinden: Wofür braucht die eigene Zielgruppe diese Journals? Welches Gefühl gibt ihr dieses Produkt?

Ich zum Beispiel liebe, liebe, liebe Schreibblocks. Ich habe sie in allen Farben, Formen und Variationen. Es sind so viele, dass ich sie gar nicht alle nutzen kann. Aber sobald ich wieder einen Schreibblock mit einem schönen Cover sehe, dann muss ich ihn kaufen. Ich kann einfach nicht vorbeigehen.

Warum mache ich das? Weil ich gerne Dinge aufschreibe. Ich liebe es, To-do-Listen zu machen. Und es gibt mir ein Gefühl der Befriedigung, Erledigtes einfach abzuhaken. Das macht mich glücklich. Warum das so ist, weiß ich nicht. Aber ich weiß, es gibt mir ein gutes Gefühl.

Also finde heraus, was für ein Gefühl dein Produkt bei deiner Zielgruppe auslöst, und reproduziere es mit deinen Geschichten zu deiner Produktwelt. Gerade wenn du deine (selbst gemachten) Produkte über Social Media anbieten möchtest, ist es wichtig, dir eine starke Community aufzubauen. Es geht darum, ihnen etwas zu bieten, sie dazu zu bringen, dass sie immer wieder gern vorbeischauen – einfach nur, um zu sehen, ob es etwas Neues gibt.

Ich weiß natürlich, dass die Themen Zielgruppe und Produkte in einer schwierigen Beziehung zueinander stehen. Denn meist heißt es da: »Mein Produkt können alle gebrauchen!« Und ich bin mir sicher, dass es auch genau so sein wird. Aber wenn du dein Angebot für alle anbietest, wirst du kaum etwas verkaufen können.

Und jetzt machen wir uns auf zum letzten Teil dieses Buches: der Kundenansprache, zu dem Thema, auf das wir die ganze Zeit hingearbeitet haben.

TEIL 3:

KUNDEN-
ANSPRACHE

Social Media – die Auswahl der Plattform

Mittlerweile haben wir eine ziemlich große Auswahl an unterschiedlichen Social-Media-Plattformen, und für die Wahl der eigenen Plattform sollten folgende Aspekte beachtet werden:

1. Mit welchem MEDIUM fühle ICH mich am wohlsten – Text, Bild oder Video?
2. Wo hält sich meine Zielgruppe bevorzugt auf?
3. Welche Persönlichkeit hat meine Zielgruppe?
4. Mit welchem Thema möchte ich auf dieser Plattform Kund*innen gewinnen?

Auch wenn es auf den ersten Blick so aussieht, als wären im Prinzip alle Plattformen gleich, gibt es doch einige Unterschiede. Der wichtigste Faktor ist tatsächlich, mit welchem Medium ich mich am wohlsten fühle. Denn wenn ich Probleme damit habe, mich (in Videos) zu zeigen oder frei zu sprechen, dann fallen YouTube, TikTok und zum Teil auch Instagram bereits raus. Bin ich nicht besonders kreativ und habe keine Lust, ständig mit Canva schöne Beitragsbilder zu erstellen, wären Instagram, LinkedIn und Pinterest auf jeden Fall raus. Und wenn ich keine Lust oder (gefühlt) nicht das Talent habe zu texten, dann sind Facebook, Instagram, LinkedIn und Twitter raus.

Im Folgenden werde ich die einzelnen Plattformen mit ihren unterschiedlichen Faktoren vergleichen, sodass du dir einen groben Überblick verschaffen kannst. Die verschiedenen Faktoren sind:

- Medium
- Eigene Vorlieben
- Themen

- Zielgruppenpersönlichkeiten
- Algorithmus

Doch bevor ich loslege, möchte ich noch die vier größten Player auf dem Markt ansprechen: Facebook, Instagram, YouTube und LinkedIn. Diese vier Plattformen gehören den drei wohl größten Konzernen der Welt, und somit stehen sie ständig miteinander in Konkurrenz. Dies wiederum ist für uns als Creator von großem Vorteil. Denn sobald eine Plattform eine hilfreiche Neuerung eingeführt hat, wird diese sehr wahrscheinlich in der nächsten Zeit von den beiden anderen adaptiert.

Ein weiterer Vorteil ist, dass diese drei Konzerne gegeneinander um uns als Creator kämpfen. Das bedeutet, dass sie die Nutzerfreundlichkeit (in den meisten Fällen) immer weiter erhöhen. Denn nicht die Nutzer bringen das Geld, sondern diejenigen, die mit ihrem Business die Nutzer auf die Plattformen holen. Also wir!

Wer sind diese drei großen Konzerne?

- Facebook und Instagram = Facebook
- YouTube = Google
- LinkedIn = Microsoft

Die einzige Plattform, die es ihren Usern gefühlt immer schwerer macht, ist Facebook. Aber alle anderen sind täglich dabei, die sogenannte Usability (Benutzerfreundlichkeit, Bedienbarkeit) zu verbessern.

Starten wir unseren Vergleich doch auch direkt mit …

Facebook

Medium: Bild, Text, Video und Liveübertragungen

Auf Facebook haben wir viele Möglichkeiten. Wir können einfach nur Texte schreiben, diese mit Bildern versehen (was aber nicht sein muss) und natürlich auch Videos einstellen oder auch live mit unserer Community sprechen.

Eigene Vorlieben: Um bei Facebook erfolgreich zu sein, ist es ungemein wichtig, sich selbst zu zeigen. Es sollte also keine Angst davor bestehen, sich in der Öffentlichkeit zu präsentieren. Im Vordergrund stehen wir als Person.

Themen: Was Facebook von anderen Plattformen unterscheidet, sind die Gruppen. Die Möglichkeit, die eigene Zielgruppe in einem geschlossenen Rahmen zu versammeln, gibt es bisher nur noch auf LinkedIn. Und dort steckt das Ganze auch noch in den Kinderschuhen. Das sorgt dafür, dass viele Coaches, Trainer und Berater, die eigentlich auf anderen Plattformen »zu Hause« sind, sich auf Facebook eine Gruppe aufbauen. Und dementsprechend finden sich auf Facebook durch all diese Gruppen auch alle Themengebiete wieder.

Zielgruppenpersönlichkeiten: Facebook wird gern als die Plattform »der älteren Generation« bezeichnet. Und das stimmt zum größten Teil auch. Die hier vorrangig vertretenen Persönlichkeitsgruppen sind die grüne und zum Teil auch die gelbe Zielgruppe.

Algorithmus: Um auf Facebook wirklich erfolgreich zu werden, sollte man auf jeden Fall eine sehr hohe Frusttoleranz, Geduld und Ausdauer besitzen, denn der Algorithmus wird kontinuierlich verändert. Daher werde ich jetzt auch nicht weiter auf dieses Thema eingehen, denn sehr wahrscheinlich wäre das, was ich hier schreibe, zu dem Zeitpunkt, an dem du es liest, schon lange wieder überholt.

Instagram

Medium: Bild, Text, Video (IGTV, Reels und Liveübertragungen)

Eigene Vorlieben: Wer keine Lust oder kein Talent für Bildgestaltung hat und/oder sich nicht in Videos zeigen möchte, für den ist Instagram auf jeden Fall NICHT die richtige Plattform.

Themen: Mittlerweile hat sich Instagram von einer reinen Bilder-App zu einer Videoplattform gemausert. Und auch hier sind im Großen und Ganzen alle Themenbereiche zu finden. Die größten Themenbereiche sind: Spiritualität und Business, sehr gerne auch in genau dieser Kombi. Aber natürlich findet man auch viel Mode und Beauty auf dieser Plattform.

Zielgruppenpersönlichkeiten: Im Gegensatz zu Facebook wird Instagram als die Plattform der »jüngeren Generation« angesehen. Aber ich persönlich denke, das ändert sich gerade. Viele der »älteren Generation« finden sich mittlerweile auch auf Instagram wieder. Sehr wahrscheinlich, weil es eben nicht mehr – so wie früher immer gedacht – rein um Mode und Schönheit geht.

Ich habe mit »so geht Zielgruppe« ebenfalls einen Account auf Instagram. Ich habe mich für diese Plattform entschieden, weil ich hier die meisten Möglichkeiten habe, mich zu entfalten. Von den Persönlichkeiten sind hier so ziemlich alle vertreten. Aber ich habe bisher eine größere Präsenz der grünen und gelben Zielgruppe wahrgenommen.

Algorithmus: Der Algorithmus von Instagram ist sehr transparent. Es gibt immer wieder gut erklärte Informationen, die man selbst schnell und effektiv umsetzen kann.

Was die perfekte Menge der Hashtags angeht, sind sich alle führenden Experten uneinig. Einige sagen, dass wir unbedingt die vollen 30 Hashtags nutzen sollten, die möglich sind. Andere wiederum meinen, 10 bis 15 reichen vollkommen aus. Ich persönlich nutze meist nicht mehr als fünf bis acht Hashtags für meine Beiträge und maximal drei bis fünf für meine Reels. Und tatsächlich kam vor einigen Wochen eine weitere Meldung von Instagram selbst: Es wird geraten, nur noch maximal drei bis fünf Hashtags für die Beiträge zu verwenden.

Du siehst also: Mach es einfach so, wie es für dich am besten passt.

Und für alle diejenigen, die nicht wissen, wofür Hashtags auf Instagram gut sind: Sie helfen dem Algorithmus dabei, die einzelnen Beiträge den unterschiedlichen Themenbereichen zuzuordnen. User können Hashtags abonnieren, sodass sie regelmäßig Beiträge zu diesem Themenbereich auf ihrem Feed ausgespielt bekommen. Und wenn wir nun unsere Beiträge unter diesen Hashtags einsortieren, werden sie für die jeweiligen Abonnenten ausgespielt. Natürlich auch nicht immer. Es kommt ganz darauf an, wie der Algorithmus unsere Beiträge bewertet.

LinkedIn

Medium: Bild, Text, Video und Liveübertragungen (eingeschränkt)

Eigene Vorlieben: LinkedIn hat zwar auch die Möglichkeit, Videos und Liveauftritte zu nutzen, aber hier herrscht noch eine große Text- und Bilddominanz. Daher sollte man Bildgestaltung und das Verfassen von Texten mögen, um sich hier niederzulassen.

Um auf LinkedIn live zu gehen, muss man einen Antrag stellen. Die Betreiber selektieren ganz genau, wer live gehen kann und wer nicht. Hier kommt es ganz darauf an, wie viele Beiträge, Videos und Interaktion der jeweilige Account bereits hat. Hast du viele Beiträge, gute Qualität der Videos, hohe Aktivität und viel Interaktivität der Follower, dann darfst du auch live gehen!

Themen: Die Themen auf dieser Plattform sind eher businessorientiert, aber es gibt auch Ausnahmen. Wichtig ist im Prinzip, dass die eigene Zielgruppe aus Selbstständigen, Unternehmer*innen oder Führungskräften besteht. Solange die Zielgruppe im Bereich Business zu finden ist, ist das Thema relativ unrelevant.

Zielgruppenpersönlichkeiten: Auf diesen Plattformen finden sich im Allgemeinen rote und blaue Persönlichkeiten. Doch in letzter Zeit habe ich vermehrt gelbe Persönlichkeiten entdeckt. Aber tatsächlich würde ich persönlich mit einer grünen oder gelben Zielgruppe andere Plattformen nutzen.

Algorithmus: Der Algorithmus von LinkedIn ist tatsächlich der wohl entspannteste von allen. Natürlich sollte man sich auch hier einarbeiten, aber es ist nicht so unübersichtlich wie beispielsweise bei Facebook oder Instagram.

Twitter

Medium: Twitter war mal eine rein textbasierte Plattform. Das hat sich aber mittlerweile komplett geändert. Bilder, Gifs und Videos sind auch hier an der Tagesordnung. Man nennt diese Art von Content auch Mikroblogging.

Eigene Vorlieben: Kurze, aussagekräftige Texte und anschauliches Bildmaterial sind hier an der Tagesordnung. Wer gerne lange Texte schreibt, um Content an die eigene Zielgruppe weiterzugeben, sollte sich hier nicht niederlassen.

Themen: Früher war Twitter eine rein politisch orientierte Plattform, doch auch das hat sich im Laufe der Zeit gewandelt. Im Prinzip findet man hier viele unterschiedliche Themen, doch im Fokus stehen weiterhin Politik und Business.

Zielgruppenpersönlichkeiten: Twitter ist klar dominiert von der roten Zielgruppe.

Algorithmus: Der Algorithmus von Twitter entscheidet folgendermaßen, ob und wie die Beiträge ausgespielt werden:

- Aktualität des Themas
- Verwendung von Bildern, Gifs und Videos oder reinen Texten
- Engagement (Likes, Antworten, Teilen)
- Bekanntheit des Autors/der Autorin
- Beziehung des Benutzers zum Autor/zur Autorin
- Nutzerverhalten

Kommen wir zu einer wirklich lange unterschätzten Plattform für Business-Owner:

TikTok

Medium: rein videobasiert

Eigene Vorlieben: Wenn du es liebst, kurze Videos für deinen Content zu drehen, dann bist du hier genau richtig.

Themen: TikTok wird mittlerweile sehr stark von Businessthemen bestimmt.

Zielgruppenpersönlichkeiten: Früher wurde TikTok als »Jugendplattform« abgestempelt, doch das hat sich extrem verändert. Viele Influencer*innen und Business-Owner nutzen TikTok zur Kundengewinnung. Hier findet sich überwiegend eine gelbe und rote Zielgruppe wieder.

Algorithmus: Bei TikTok zählt die Verweildauer, das heißt, wie lange wir uns ein Video anschauen und auch wie oft hintereinander. Je länger uns ein Video auf der Plattform hält – also je länger wir es anschauen –, umso mehr wird dieses Video ausgespielt. Das bedeutet, der Druck, »gute Videos« zu machen, ist ungemein hoch, denn es gibt keine weitere Möglichkeit, auf dieser Plattform, die Reichweite zu erhöhen.

Und nun einer meiner Favoriten:

YouTube

Medium: rein videobasiert

Eigene Vorlieben: YouTube ist eine Videoplattform. Wer also nicht ständig Videos aufnehmen, schneiden und hochladen möchte, sollte sich eine andere Plattform suchen. Wer sich allerdings – so wie ich – am besten mit einem Video präsentieren kann, der fühlt sich hier zu Hause.

Ich rede am liebsten einfach drauflos, ohne Skript und irgendwelche Pläne. Und es ist mir auch reichlich egal, ob ich mich dabei verspreche, ob meine Kleidung »adäquat« ist oder eben nicht.

Am besten funktioniert YouTube für dich, wenn du absolut authentisch bleibst.

Themen: Alles – hier gibt es keinerlei Begrenzung.

Zielgruppenpersönlichkeiten: Ebenfalls alle Persönlichkeiten finden sich auf dieser Plattform wieder.

Algorithmus: Hier entscheidet die *watch time*, wie häufig ein Video ausgespielt wird. Zur *watch time* zählen folgende Faktoren:

- Videolänge (am besten zwischen 2 und 20 Minuten)
- Wiedergabezeit eines Kanals
- View Duration (Anzahl der Minuten, die das Video geschaut wird)
- YouTube-Session-Dauer (wie lange der User auf deinem Kanal bleibt)
- YouTube-Session-Start (es ist immer gut, der Startpunkt einer Session zu sein – also der Punkt, an dem die Zuschauer die Session starten)
- YouTube-Session-Ende (es ist nicht gut, der Endpunkt einer Session zu sein – also der Punkt, an dem die Zuschauer die Session beenden)

- Upload-Frequenz (die optimale Upload-Frequenz beträgt zwei bis drei Videos pro Woche, idealerweise sollten die Videos zwischen fünf und acht Minuten lang sein)

Um auf YouTube genügend Reichweite und Follower zu bekommen, heißt es, viel Geduld und technisches Wissen mitzubringen.

Last, but noch least:

Pinterest

Medium: Viele nutzen Pinterest mittlerweile als bildbasierte Suchmaschine.

Eigene Vorlieben: Um Pinterest erfolgreich nutzen zu können, sollte Bildbearbeitung zu den absoluten Lieblingstätigkeiten gehören. Viel Text ist hier nicht gefragt.

Themen: Die meisten User nutzen Pinterest als reine Marketingplattform. Sie möchten so mehr Traffic auf ihre Website oder ihren Onlineshop weiterleiten. Natürlich stehen die (selbst gemachten) Produkte im Vordergrund, aber auch Businessthemen funktionieren auf Pinterest sehr gut.

Zielgruppenpersönlichkeiten: Überwiegend nutzt die gelbe Zielgruppe Pinterest, aber auch einige Vertreter der grünen Zielgruppe sind hier zu finden.

Algorithmus: Im Gegensatz zu den anderen Plattformen geht es Pinterest nicht einzig darum, die User auf der eigenen Plattform zu halten, sondern sie sieht sich mehr als Suchmaschine. Daher sind für den Algorithmus folgende Faktoren wichtig:

- Domain-Qualität: Die Art und Weise, wie Pinterest die Qualität deiner Website wahrnimmt. Sehr wichtig ist hier auch, wie beliebt die Pins deiner Website sind. Je mehr Personen mit deinen Pins interagieren, desto höher wird die Qualität der Domain eingestuft.
- Pin-Qualität: Hier wird gemessen, wie viele Personen mit deinem Pin interagieren. Je mehr Leute speichern, kommentieren und durchklicken, desto höher ist die Bewertung der Pin-Qualität. Pins, die eine begeisterte Reaktion deiner Follower auslösen, werden dann einer größeren Anzahl von Personen angezeigt.
- Pinner-Qualität: Die Effektivität von dir als Ersteller von Pinterest-Inhalten. Hier kommt es ganz darauf an, wie aktiv du selbst beim Pinnen bist, aber auch in der Interaktion mit anderen.
- Themenrelevanz: Dabei geht es rein um die Inhalte, Keywords und Hashtags auf deinem Pin. Pinterest ist eine Suchmaschine – also ist sie auch SEO-basiert.

Jetzt ist der Moment, um eine Entscheidung zu treffen

Anhand der Umfrage und der Interviews ist es möglich herauszufinden, wo die eigene Zielgruppe sich am häufigsten aufhält – wo sie sich am wohlsten fühlt. Und sehr wahrscheinlich wird es so sein, dass sie mehrere Plattformen angibt. Das wiederum hat den Vorteil, dass du deine eigenen Vorlieben einfließen lassen kannst. Aus eigener Erfahrung kann ich sagen: Es macht überhaupt keinen Sinn, sich eine Plattform auszusuchen, auf der man sich selbst nicht wohlfühlt.

Jede dieser Plattformen hat einen eigenen Algorithmus, eigene Funktionen und Möglichkeiten, mit der Zielgruppe in Kontakt zu treten. Und es ist ungemein wichtig, sich mit allem wirklich vertraut zu machen. Denn es ist immer von Vorteil, MIT dem Algorithmus zu arbeiten. Und das setzt wiederum voraus, sich im Vorfeld damit wirklich gut auseinandergesetzt zu haben.

Es ist auch absolut okay, einfach mal einige der Plattformen für sich auszuprobieren. Denn ob eine Plattform wirklich passt, merkt man meist erst später, nämlich während der täglichen Arbeit.

UND JETZT BIST DU DRAN:

1. Mit welchem Medium fühlst du dich am wohlsten und warum genau?
2. Wo hält sich deine Zielgruppe bevorzugt auf?
3. Welche Plattform passt am besten zu dir?

Warum ist die richtige Kundenansprache so wichtig?

Mir war schon immer ein wenig suspekt, wie es möglich sein soll, dass andere für mich Texte schreiben. Texte, die meine Zielgruppe dazu bringen soll, meine Angebote zu kaufen. Und natürlich habe ich das dann auch mal ausprobiert: Ich habe eine Texterin gebeten, für mich einen Text für eine Landingpage (Verkaufsseite) aufzusetzen. Wir haben uns zusammengesetzt, und sie fragte mich nach dem Thema, den Inhalten, dem Datum, wer meine Zielgruppe sei … und legte dann los.

Das Ergebnis war leider – wie zu erwarten – nicht erfolgreich. Über meine Landingpage habe ich nur sehr wenig Anmeldungen erhalten. Und das waren nicht die Menschen, die ich mir so vorgestellt hatte.

Das war der ausschlaggebende Punkt für mich, dem Thema Kundenansprache und Formulierungen intensiv auf den Grund zu gehen. Denn mir war klar, dass eine einfache Zielgruppendefinition – nämlich dass ich weiß, mit wem ich arbeiten will – mir nicht wirklich dabei hilft, Kund*innen zu gewinnen.

Viele Selbstständige fragen sich: Wie finde ich denn jetzt meine Zielgruppe? Doch eigentlich sollte die Frage lauten: Wie gewinne ich die Aufmerksamkeit meiner Zielgruppe? Und schon landen wir bei der direkten und persönlichen Kundenansprache.

Wenn ich von Kundenansprache spreche, dann meine ich nicht, ob die eigene Zielgruppe mit DU oder SIE angesprochen werden soll. Das ist eine Entscheidung, die jede*r ganz allein für sich und sein/ihr Business treffen muss, so wie ich mich bei meinem Business (und auch bei diesem Buch) für das DU entschieden habe.

Wenn ich von Kundenansprache spreche, dann meine ich Texte auf der eigenen Website, Landingpages und ganz besonders auf den Social-Media-Kanälen. Denn das ist so ziemlich der einzige Weg, abgesehen vom direkten persönlichen Gespräch, wie wir die Aufmerksamkeit unserer Zielgruppe gewinnen können.

Nehmen wir folgendes Beispiel:

Ich schreibe einen Beitrag auf Instagram, der die Neugier meiner Zielgruppe weckt. Im nächsten Schritt schaut sie sich auf meinem Account um. Ist dort nicht auf den ersten Blick erkennbar, um was es geht, bekommt sie das Gefühl: »Ich weiß nicht, was ich tue«, und verliert das Interesse an meinem Account. Genau das Gleiche wird passieren, wenn sie auf meine Website kommt und sich davon nicht angesprochen fühlt.

Mit der falschen Kundenansprache verlieren wir Kund*innen!

Es gibt so viele Angebote da draußen, da dürfen wir es uns einfach nicht erlauben, auch nur eine*n einzige*n Kund*in zu verlieren. Mit der richtigen Kundenansprache schaffen wir es in kürzester Zeit, die Aufmerksamkeit und das Interesse unserer Zielgruppe zu wecken. Wenn sie sich in den Texten wiederfindet und damit Vertrauen fasst, dann wird sie am Ende des Tages auch unser Angebot kaufen.

Eins sollte auf jeden Fall klar sein: Die richtige Kundenansprache formulieren wir nicht für alle gleich, sondern nur für eine ganz besondere Gruppe von Menschen, die wir uns ausgesucht haben: unsere Zielgruppe!

Was macht die richtige Kundenansprache aus?

- Die Zielgruppe hat das Gefühl, die geschriebenen Worte kommen direkt aus ihrem Kopf. (Wir schreiben, wie sie denken.)
- Die Zielgruppe spürt den Schmerzpunkt intensiv und erkennt in unserem Angebot eine Lösungsmöglichkeit.
- Die Zielgruppe sieht sich bereits in ihrem Wunschzustand und möchte diesen jetzt unbedingt mit unserem Angebot erreichen.

Denn wie ich zu Beginn dieses Buches schon erklärt habe: Es geht nicht um uns als Person, sondern es geht einzig um die Zielgruppe, die wir uns ausgesucht haben. In den meisten Fällen – abgesehen von der grünen Zielgruppe – ist es in erster Linie egal, wer du als Person bist, solange du auf deine Zielgruppe sympathisch wirkst.

Es geht darum, dass ihr Problem gelöst/ihr Bedürfnis erfüllt wird.

Problem lösen oder Bedürfnis erfüllen?

Und damit kommen wir direkt zu einem sehr wichtigen Punkt: Möchtest du ein Problem lösen oder ein Bedürfnis für deine Zielgruppe erfüllen? Denn hier verbirgt sich ebenfalls ein sehr großer Unterschied in der Ansprache.

Menschen, die auf der Suche nach einer Lösung für ihr Problem sind, haben das Gefühl, sie MÜSSEN dieses Problem lösen. Sie setzen sich selbst damit unter Druck. Das wiederum bedeutet: Sie treffen ihre Kaufentscheidungen ebenfalls unter Druck.

Als Beispiel folgendes Problem: Eine Vertreterin meiner Zielgruppe wird mit ihrem Business einfach nicht sichtbar und gewinnt so natürlich auch keine Kund*innen. Doch ohne Kund*innen muss sie das Business aufgeben. Das bedeutet: Sie muss sehr wahrscheinlich wieder zurück in ihren alten, verhassten Job. Also wird sie fast alles dafür tun, um dieses Szenario zu verhindern.

Gerade hier funktioniert die Schmerzansprache sehr gut. Denn erst wenn die Zielgruppe den Schmerz wirklich spürt, ist sie nicht nur an der Lösung interessiert, sondern auch bereit zu kaufen. Dafür sorgt ihre Triebfeder. In diesem Moment geben wir ihr das Gefühl, dass ihr gar nichts anderes mehr übrig bleibt, als so schnell wie möglich diese Lösung zu nutzen.

Menschen hingegen, die sich selbst ein Bedürfnis erfüllen, tun sich damit etwas Gutes. Sie beschenken sich im Grunde selbst. Hier steckt in keiner Weise Druck dahinter, und die Entscheidung zum Kauf wird nicht unbedingt mit der Triebfeder getroffen.

Als Beispiel: Ich möchte jetzt endlich lernen, wie das mit dem Meditieren geht, denn das würde mir bestimmt guttun. Allerdings sehe ich nicht unbedingt einen Zwang dahinter, sofort ein Angebot zu finden. Ich schaue mich in aller Ruhe um und lasse mir Zeit.

Um solche Kund*innen anzusprechen, ist es von Vorteil, den Wunsch in den Vordergrund der Ansprache zu stellen. Denn wie gesagt: kein HABEN-WILL-Gefühl, kein Kauf! Und dieses HABEN-WILL-Gefühl kann entweder mit Schmerz oder mit Wunsch hervorgerufen werden.

Wenn ich jetzt ein Angebot finde, das mir mit Worten ein Bild in den Kopf zaubert, wie ich mit der Meditation meinen inneren Stress abbaue und damit endlich zur Ruhe komme, dann bin ich interessiert. Denn dann geht es bei meiner Kaufentscheidung nicht um das Angebot an sich, sondern einzig darum, was ich davon habe: Ruhe und inneren Frieden.

Das Ergebnis muss einen HABEN-WILL-Drang in mir auslösen, dann werde ich auch kaufen. Und damit dieser Drang ausgelöst wird, muss ich den Wunsch stark in mir spüren.

Eine gute Kundenansprache spricht mir aus dem Herzen und zeigt mir, dass man mich versteht. Und sobald Menschen das Gefühl haben, dass sie jemand versteht, schlussfolgern sie automatisch: Der/Die weiß ganz genau, um was es geht. Das wiederum gibt einen Vertrauensvorschuss, mit dem wir unsere Zielgruppe – bildlich gesehen – in unseren Bus eingeladen haben.

Jetzt gilt es, dieses Vertrauen zu behalten und es auf der gemeinsamen Kundenreise noch weiter auszubauen. Das können wir mit persönlichen Gesprächen über Zoom, Beiträgen in den sozialen Medien, Blogbeiträgen oder Podcast-Episoden tun.

Doch für all das brauchen wir auch weiterhin die richtige Kundenansprache, denn sobald bei unserer Zielgruppe Unsicherheit aufkommt, steigt sie wieder aus. Deshalb ist es auch so wichtig, die Zielgruppe nach der eigenen Persönlichkeit auszusuchen. Denn nur so können wir genau so bleiben, wie wir sind. Auf diese Weise müssen wir uns nicht verstellen und sind authentisch, wenn wir reden und schreiben. Das bemerkt auch unsere Zielgruppe, die sich verstanden und gut aufgehoben fühlt.

Nonverbale Kundenansprache

Aber nicht nur die Texte entscheiden darüber, ob sich unsere Zielgruppe angesprochen fühlt oder nicht. Ohne ein einziges Wort gelesen zu haben, entscheiden wir im Bruchteil einer Sekunde, ob uns das »Drumherum« gut genug gefällt. Tut es das nicht, werden wir kein weiteres Wort lesen!

Und weil die nonverbale Kundenansprache darüber entscheidet, ob wir überhaupt eine Chance bekommen, möchte ich in diesem Kapitel ein wenig intensiver auf dieses Thema eingehen.

Ich wurde schon öfter gefragt, was denn wichtiger sei: die verbale oder die nonverbale Kundenansprache? Beides ist wichtig, aber die nonverbale Ansprache entscheidet darüber, ob der verbalen Ansprache überhaupt die nötige Aufmerksamkeit geschenkt wird.

Auf Social Media werden wir mit Informationen regelrecht erschlagen. Für jedes Problem, für jedes Bedürfnis gibt es gefühlt eine Million Angebote. Da wir sie nicht alle aufmerksam lesen können beziehungsweise wollen, scannen wir sie unterbewusst nach bestimmten Aspekten ab:

- Branding-Farben
- Selbstdarstellung auf Bildern
- Bilder im Allgemeinen
- Stil der Beiträge
- Schriftarten

Um zu entscheiden, ob wir überhaupt lesen, was dort geschrieben steht, nutzen wir unseren ersten Eindruck. Und der wird ganz klar nonverbal getroffen. Das geschieht genauso, wie wir uns ein Bild von einem Menschen machen, den wir gerade zum ersten Mal getroffen haben. Bevor wir nur ein einziges Wort miteinander wechseln, haben wir bereits ein erstes Bild von dieser Person. Wir haben unser Gegenüber in eine

Schublade gesteckt. Und genauso stecken wir Beiträge, Bilder, Texte, Videos und so weiter in Schubladen.

Die meisten landen in der Schublade »kein Interesse«, dann gibt es noch »kenn ich schon« und natürlich auch »geht gar nicht«. Damit unser Beitrag nicht einfach so in einer Schublade landet, muss er auf den ersten Blick das Interesse unserer Zielgruppe wecken. Und das wiederum zeigt, wie wichtig es ist, dass wir unsere Zielgruppe ganz genau kennen. Aber auch, dass wir sie nach unserer eigenen Persönlichkeit ausgesucht haben. Denn welche Branding-Farben uns gefallen und ob wir Schnörkelschrift lieber mögen oder Comics … das entscheiden wir nach unseren eigenen Vorlieben.

Immerhin ist es unser Business, darin halten wir uns – sehr wahrscheinlich – häufiger auf als in unserem wirklichen Zuhause. Also sollten wir unser Branding, unseren Außenauftritt, so gestalten, dass es uns selbst gefällt. Und gerade für den Social-Media-Bereich sollten wir uns im Vorfeld überlegen, wie unsere Beiträge wirken sollen. Mag ich es eher verspielt und bunt oder doch lieber clean und harmonisch?

Haben wir also unsere Zielgruppe nach unserer Persönlichkeit ausgesucht – passt sie zu uns –, dann wird sie sich von unserer Auswahl angesprochen fühlen.

Branding-Farben

Hast du schon mal von der Psychologie der Farben im Marketing gehört? Farben sprechen eine Sprache, die Worte einfach nicht erreichen können. Sie kommunizieren mit uns auf einer emotionalen Ebene und sind dabei um einiges überzeugender.

Es ist eine Sache, sich mit der Farblehre zu beschäftigen, die zum Beispiel sagt: Rot steht für Leidenschaft und Blau für Erfolg. Aber die Farbe für dich zu finden, von der du weißt, dass sie auch die Menschen anspricht, die zu deiner Zielgruppe gehören, ist etwas ganz anderes.

Bei der Farbpsychologie geht es darum, die richtigen Emotionen hervorzurufen. Nämlich die Emotionen, die zur Persönlichkeit, zum Bedürfnis und der Triebfeder unserer Zielgruppe passen.

Nehmen wir meine Zielgruppendefinition: Ziel- und leistungsorientierte Frauen, die schnell und sicher Entscheidungen treffen können. Frauen, die Erfolg haben wollen und deren Triebfeder Geld ist.

Forscher haben herausgefunden, dass die Farben Rot, Pink, Königsblau, Schwarz und Orange Spontankäufer ansprechen. Und passend dazu liebe ich Pink, Königsblau und Schwarz. Das sind die Farben, die mich ansprechen (und ja, ich bin auch eine rote Persönlichkeit). Also habe ich mir für meine rote Zielgruppe Pink, Königsblau und Weiß ausgesucht.

In der Farbpsychologie geht es nicht nur darum, bestimmte Emotionen zu wecken, sondern es geht auch darum, die Erwartungen unserer Zielgruppe an bestimmte Farben zu erfüllen.

Was meine ich damit?

Unsere Erwartungen an Farben sind zum großen Teil in unseren Genen verwurzelt. Zum einen stammen sie aus einer weit zurückliegenden Zeit – der Steinzeit – und zum anderen wurden sie uns von unserer Umgebung anerzogen.

Zum Beispiel nutzen viele Lebensmittelmärkte die Farbe Rot, weil wir diesen Farbton mit leuchtenden, reifen Früchten verbinden. Viele Banken nutzen die Farbe Blau, weil wir diesen Farbton mit einem Gefühl von Sicherheit verbinden. Viele Angebote im Bereich Nachhaltigkeit und Umweltschutz nutzen die Farben Grün und Braun, weil wir diese Farbtöne direkt mit der Natur in Verbindung bringen.

Es ist nicht immer offensichtlich oder gar logisch, wie die Wahrnehmung von Farben unsere Kaufentscheidung beeinflusst. Die Assoziationen mit einer Farbe können sogar von Person zu Person sehr unterschiedlich sein. Das ist abhängig von unserem kulturellen, aber auch unserem persönlichen Hintergrund. Aber wenn wir die wissenschaftlich erwiesenen Annahmen der Farbpsychologie mit unserer Zielgruppendefinition verbinden, können wir damit ein wirklich mächtiges Tool zur Kundengewinnung schaffen.

Ich habe eine Liste von Farben mit ihren verschiedenen Assoziationen für dich zusammengestellt. Hier kannst du selbst überlegen, was zu dir passt – was dir persönlich gefällt – und was zu deinem Business und deiner Zielgruppe passt:

Rot ist eine lebhafte, Aufmerksamkeit erregende Farbe, die in den meisten Fällen mit folgenden Begriffen assoziiert wird:

- Wärme
- Energie
- Selbstvertrauen
- Gefahr
- Wut
- Feuer
- Krieg
- Leidenschaft
- Stärke
- Mut

Orange ist eine freundliche und fröhliche Farbe. Sie wird meist mit den folgenden Begriffen in Verbindung gebracht:

- Vitalität
- Humor
- Herbst
- Jugend
- Wärme
- Energie
- Freundlichkeit

Gelb ist eine kräftige, aber zugleich auch freundliche Farbe. Wir assoziieren mit ihr unter anderem:

- Energie
- Heiterkeit
- Wärme
- Verspieltheit
- Gefahr
- Kraft
- Selbstverwirklichung
- Optimismus
- Geiz
- Neugier
- Kreativität
- Spontanität

Grün ist eine ruhige und erwachsene Farbe, und wir stellen oft den Zusammenhang zu folgenden Begriffen her:

- Natur
- Umwelt
- Wohlstand
- Harmonie
- Erneuerung
- Balance
- Gesundheit
- Glück
- Wachstum
- Linderung

Blau wird von vielen als männliche Farbe angesehen, es gibt aber noch weitere Assoziationen:

- Sicherheit
- Ruhe
- Gelassenheit
- Erfrischung
- Stabilität
- Erfolg
- Verantwortung
- Frieden
- Gelassenheit
- Professionalität

Violett wird meist als luxuriös und edel beschrieben, doch auch hier gibt es noch weitere Verknüpfungen:

- Zauber
- Mystik
- Wohlstand
- Spiritualität
- Fantasie
- Luxus
- Intrige
- Macht
- Souveränität
- Eitelkeit

Pink (nicht Rosa) ist eine sehr mächtige Farbe in der Zielgruppenpsychologie. Sie kann noch viel mehr, als einfach nur weiblich zu sein. Hier sind noch ein paar weitere Assoziationen:

- Optimismus
- Stärke
- Klarheit
- Spaß
- Mut
- Gradlinigkeit
- Selbstsicherheit
- Dominanz
- Direktheit
- Erfolg
- Freiheit

Rosa ist ein typischer Pastellton. Wir verbinden alle Pastelltöne mit den folgenden Begriffen:

- Zartheit
- Sensibilität
- Weiblichkeit
- Balance
- Ruhe
- Sanftheit
- Verspieltheit
- Genuss (Süßes)

Grau hingegen wirkt sachlich und fachlich. Viele glauben, Grau wäre langweilig, aber das stimmt so gar nicht. Folgende Assoziationen gibt es noch:

- Sicherheit
- Klarheit
- Förmlichkeit
- Effizienz
- Professionalität
- Eleganz
- Neutralität

Braun ist die Farbe der Erde und des Holzes. Daher verknüpfen wir mit diesem Farbton folgende Begriffe:

- Bodenständigkeit
- Behaglichkeit
- Ruhe
- Sinnlichkeit
- Gemütlichkeit
- Sanftmut
- Schmutz

Weiß ist die Farbe der Reinheit. Aber es gibt noch weitere Assoziationen:

- Wahrheit
- Neuanfang
- Perfektion
- Makellosigkeit
- Göttlichkeit
- Unschuld
- Sauberkeit

Und zu guter Letzt noch **Schwarz**. Dabei handelt es sich um eine sehr starke Farbe, mit der wir Folgendes verbinden:

- Luxus
- Kraft
- Eleganz
- Dunkelheit
- Kontrolle
- Geheimnis
- Mystik

Für unser Branding sollten wir nicht nur eine Farbe nutzen, sondern im besten Fall insgesamt vier oder maximal fünf Töne, die aufeinander abgestimmt sind. Wir können mit der Wahrnehmung unserer Zielgruppe spielen. Wir sollten also unbedingt die Kraft der Farben für unsere nonverbale Kundenansprache nutzen. Ob wir dazu eine verschnörkelte Schriftart nutzen oder eine mit einer klaren Linienführung, liegt wiederum ganz in unserem Ermessen.

Wichtig ist bei der nonverbalen Kommunikation, dass du ganz du selbst bleibst. Verstell dich nicht! Denn das kann im schlimmsten Fall dazu führen, dass du die falschen Menschen anziehst. Und wenn die Vertreter der eigenen Zielgruppe merken, dass wir uns verstellen, werden sie uns nicht vertrauen, was dann dazu führt, dass wir sie nicht als Kund*innen gewinnen können.

Worte, die die Welt verändern

Woraus setzt sich eine gut ausgearbeitete Kundenansprache zusammen?

- Aus dem O-Ton deiner Zielgruppe (schreibe, wie sie denken),
- der nonverbalen Kommunikation (Branding, Auftreten) und
- den Schlagworten für bestimmte Zielgruppen (Magic Words).

Wie wir den O-Ton unserer Zielgruppe herausfinden, haben wir bereits in den Umfragen und den Interviews besprochen. Die nonverbale Kommunikation haben wir gerade im letzten Kapitel behandelt, und jetzt kommen wir zu den Magic Words der Kundenansprache. Alles, worüber ich nun schreiben werde, stammt zum Teil aus der Verkaufspsychologie, aber zum größten Teil basiert es auf meinen eigenen Erfahrungen.

Sobald wir herausgefunden haben, mit welcher Triebfeder unsere Zielgruppe Kaufentscheidungen trifft, können wir auf einen Fundus von Worten zurückgreifen, die die einzelnen Gruppen wie magisch anziehen.

Ich werde dir die einzelnen Gruppen mit ihren Worten vorstellen und auch erklären, warum gerade diese Worte für die einen so anziehend wirken, wohingegen sie die anderen abstoßen. Das hier ist mehr oder weniger der heilige Gral der Kundenansprache.

Ich muss aber direkt dazu sagen: Kundenansprache kann nur wirklich gut funktionieren, wenn alle drei Aspekte passen. Du kannst ganz viele Schlagworte einfügen in deinen Text, doch wenn die nonverbale Ansprache nicht passt, wird niemand deine Texte lesen. Und die nonverbale Ansprache kann super passen, wenn du aber nicht so schreibst, wie deine Zielgruppe denkt, wird sie dir keine Beachtung schenken. Der Schlüssel ist also, alle drei Aspekte (Schreibstil, nonverbale Ansprache und Schlagworte) gut in deiner Kundenansprache zu vereinen.

Kommen wir zu den unterschiedlichen Triebfedern:

Bedürfnis *Geltung* – Triebfedern *Erfolg/Status* und/oder *Geld*

Trifft unsere Zielgruppe ihre Kaufentscheidung mit den Triebfedern *Erfolg/Status* und/oder *Geld*, dann befindet sie sich in dieser Phase im roten Bereich. Das bedeutet: Hier geht es darum, ein Ziel zu erreichen – komme, was wolle.

Daher sind passende Worte für diese Zielgruppe zum Beispiel:

- schnell
- Challenge
- Vorteil
- erfolgreich
- nur noch …

Abschrecken kannst du sie mit folgenden Worten:

- gemeinsam
- Verbindung
- langsam
- bewährt
- Leichtigkeit
- Fülle

Bei dieser Zielgruppe kann der Wunsch meist intensiver das HABEN-WILL-Gefühl auslösen als der Schmerz. Daher sollte bei der Umfrage der Fokus auch auf diesen Punkt gerichtet werden.

Bei dieser Zielgruppe funktioniert die Methode der Verknappung sehr gut. Sie fühlt sich damit nicht unter Druck gesetzt, sondern – ganz im Gegenteil – sie hat das Gefühl, ihrem innersten Bedürfnis zu folgen.

Ist die Triebfeder *Erfolg*, *Status* oder *Geld*, entscheidet sich die Zielgruppe im Allgemeinen sehr schnell. Daher ist es von Vorteil, den Verkaufsfokus (Druck) auf die ersten Tage nach dem kostenfreien Angebot zu setzen. Der Start des kostenpflichtigen Angebotes kann daraufhin sehr zeitnah erfolgen.

Bedürfnis *Stimulanz* – Triebfedern *Freiheit* und/oder *Selbstverwirklichung*

Wird die Kaufentscheidung mit den Triebfedern *Freiheit* und/oder *Selbstverwirklichung* getroffen, dann befindet sich die Zielgruppe in dieser Phase im gelben Bereich. Ihr geht es in erster Linie darum, etwas Neues zu lernen und weiterzukommen.

Die passenden Worte für diese Zielgruppe sind beispielsweise:

- Leichtigkeit
- Freiheit
- gemeinsam
- Glück
- neu

Abschrecken kannst du sie mit unter anderem mit folgenden Worten:

- Sicherheit
- Vorsicht
- allein
- schlicht
- makellos
- langsam

Bei dieser Zielgruppe sind Testimonials das A und O. Sie braucht in den meisten Fällen erst eine Absicherung (durch die Testimonials), entscheidet sich dann aber schnell.

Hier wäre es von Vorteil, während der Verkaufsphase mit E-Mails und Storys von glücklichen Kunden zu arbeiten (Testimonials). Dies gibt den Teilnehmern die Chance, in aller Ruhe ihre Entscheidung zu treffen und gleichzeitig zu sehen, wie begeistert andere von diesem Angebot sind.

Geht es um die Triebfeder *Freiheit*, macht es mehr Sinn, mit Schmerz zu arbeiten. Geht es um die Triebfeder *Selbstverwirklichung*, kann auch der Wunsch zu einem HABEN-WILL-Effekt führen.

Diese Zielgruppe fühlt sich von Verknappung nicht unter Druck gesetzt, nimmt sich aber die Zeit, die sie braucht. Das bedeutet, wir können den Start des kostenpflichtigen Angebotes ebenfalls recht zeitnah setzen.

Bedürfnis *Gemeinschaft* – Triebfedern *Austausch* und/oder *Harmonie*

Im grünen Bereich befindet sich die Zielgruppe bei ihrer Kaufentscheidung, die mit den Triebfedern *Austausch* und/oder *Harmonie* entscheidet. Das bedeutet: Es geht in erster Linie darum, dass sie ein gutes Bauchgefühl hat. Sie braucht Sympathie und Vertrauen zu dir als Person.

Die passenden Worte für diese Zielgruppe sind zum Beispiel:

- Austausch
- Verbindung
- gemeinsam
- zusammen
- harmonisch

Abschrecken kannst du sie mit Worten wie:

- erfolgreich
- schnell
- allein
- Perfektion
- bester
- schneller
- größer

Diese Zielgruppe braucht schon etwas länger, um ihre Kaufentscheidung zu treffen. Gern tauscht sie sich vorher noch mit anderen aus.

Solltest du dir eine grüne Zielgruppe ausgesucht haben, kommst du an einem Gruppenangebot nicht vorbei. Denn das kann den Ausschlag für ihre Kaufentscheidung geben. Es ist also von Vorteil, in der Verkaufsphase immer wieder die Möglichkeit, sich mit anderen auszutauschen, hervorzuheben.

Diese Zielgruppe wird sofort weglaufen, sobald du mit Verknappung anfängst. Sie fühlt sich damit unter Druck gesetzt. Das wird ihr Bild von dir negativ beeinflussen.

Bedürfnis *Sicherheit* – Triebfedern *Kontrolle* und/oder *Absicherung*

Trifft unsere Zielgruppe ihre Kaufentscheidung mit den Triebfedern *Kontrolle* und/oder *Absicherung*, dann befindet sie sich in dieser Phase im blauen Bereich. Hier steht ganz klar die Sicherheit im Vordergrund. Diese Zielgruppe braucht das Gefühl, alles unter Kontrolle zu haben.

Für sie wären die passenden Worte beispielsweise:

- Klarheit
- Sicherheit
- bequem
- zügig
- effizient
- gradlinig

Abschrecken kannst du sie zum Beispiel mit folgenden Worten:

- schnell
- Leichtigkeit
- Freiheit
- grenzenlos
- entdecken
- neu

Bei dieser Zielgruppe sind Rechtschreibung, Zertifikate und Bewertungen ganz wichtig. Und genau diese wird sie auch sehr intensiv prüfen. Daher sollte die Verkaufsphase mit dieser Zielgruppe sehr vorsichtig und langsam starten, denn sie entscheidet sich erst ein paar Tage später. Es wäre also nicht gut, den Start des Angebotes sehr kurz nach dem Ende des kostenfreien Angebotes zu legen.

Entscheiden die Triebfedern *Kontrolle* oder *Absicherung*, fühlt sich diese Zielgruppe bei einer Verknappung extrem unter Druck gesetzt und wird auf keinen Fall kaufen. In dieser Zielgruppe sollte man am besten mit Schmerz arbeiten, um das HABEN-WILL-Gefühl zu erzeugen. Der Wunsch wäre hier eher kontraproduktiv, da sie sonst zu keiner Entscheidung kommt.

Beispiel einer gelungenen Ansprache

Und natürlich habe ich auch zu diesem Thema ein Beispiel parat. Und zwar handelt es sich hier um die Überschrift für mein Zielgruppen-Bootcamp.

Um die richtigen Zielgruppen anzusprechen, müsste ich nur ein paar Worte verändern:

- **Rot** – Finde die Zielgruppe, mit der du endlich Geld verdienst!
- **Gelb** – Finde die Wunschkunden, mit denen deine Verkäufe leichter werden.
- **Grün** – Finde deine Soul Clients, um sie mit deinem Herzensbusiness auf ihrem Weg begleiten zu können.
- **Blau** – Finde die Zielgruppe, mit der du regelmäßig zahlende Kund*innen gewinnst.

Wie du siehst, wäre es das gleiche Angebot, nur für unterschiedliche Zielgruppen formuliert. Was jetzt aber nicht heißen soll, dass ich einfach ein Angebot erstelle und dann nur die Formulierungen für die Ansprache verändern muss. Das würde nicht funktionieren, denn das Angebot ist ja auf eine ganz spezielle Zielgruppe zugeschnitten. Mein Beispiel sollte dir einfach nur zeigen, wie mächtig Worte sein können und wie man mit einer kleinen Veränderung schon Großes bewirken kann.

Wie setzt sich die perfekte Kundenansprache zusammen?

Um am Ende tatsächlich die perfekte Kundenansprache für unsere Zielgruppe formulieren zu können, brauchen wir folgende Komponenten:

1. Formulierungen, die dem Wesen der Zielgruppe entsprechen und sie ansprechen
2. Die nonverbale Kundenansprache
3. Die magischen Worte

Aber Achtung: Nur wenn alle drei Komponenten vorhanden sind, ist es möglich, eine Kundenansprache zu formulieren, die unsere Zielgruppe direkt und persönlich anspricht. Und nur so werden wir sie dazu bringen, uns und unserem Angebot Aufmerksamkeit zu schenken.

Ich kann supertolle Texte schreiben, die meiner Zielgruppe regelrecht aus der Seele sprechen. Doch wenn meine Bildsprache (die nonverbale Ansprache) nicht passt, wird meine Zielgruppe dem Text keinerlei Aufmerksamkeit schenken.

Wenn wir in Social Media unterwegs sind, lesen wir beim Scrollen nicht jeden Text, sondern wir überfliegen die Beiträge. Und dabei »scannen« wir schon mal »vor«. Wir lesen keine Worte, sondern filtern zuallererst – unbewusst – die Bilder. Wenn ein Bild unsere Aufmerksamkeit erregt, schauen wir es uns genauer an. Spricht es eines unserer Probleme oder Bedürfnisse an, dann erst lesen wir weiter, vorher nicht.

Also: Ohne die passende nonverbale Ansprache bringt uns alles andere überhaupt nichts. Und wenn die nonverbale Kundenansprache sitzt und wir auch viele magische Worte nutzen, aber nicht so schreiben, wie unsere Zielgruppe denkt, ist sie ganz schnell wieder weg.

Wenn wir über das Bild die Aufmerksamkeit gewonnen haben, die magischen Worte direkt im Beitragsbild verankert sind und unsere

Zielgruppe dann in der Bildunterschrift weiterliest, müssen wir liefern. Fühlt sich unsere Zielgruppe von dem Text nicht angesprochen, weil er nicht so geschrieben ist, wie sie denkt, dann verlieren wir auch hier die Aufmerksamkeit.

Du siehst also, es ist ungemein wichtig, alle drei Komponenten gemeinsam einzubringen. Über die nonverbale Ansprache bekommen wir die Aufmerksamkeit, die magischen Worte bringen unsere Zielgruppe dazu, weiterzulesen und vielleicht sogar auf unsere Website zu gehen oder unseren Account anzuschauen. Und dort holen wir sie direkt mit den Worten ab, die sie die ganze Zeit in ihrem eigenen Kopf hat. So fühlt sie sich nicht nur angesprochen, sondern auch bestätigt. Das Gefühl, dass wir genau wissen, wie es ihr geht, fördert die Schlussfolgerung, dass wir ihr auch helfen können. Und genau das ist es, was wir erreichen wollen!

Wie können wir das alles erreichen? Natürlich lernen wir durch den persönlichen Kontakt, der bei der Umfrage und den Interviews zustande kommt, die für unsere Zielgruppe passenden Texte zu schreiben.

Die nonverbale Kundenansprache erstellen wir ganz nach unserer Persönlichkeit, denn wir sind es, die 24/7 damit arbeiten müssen.

Stell dir vor, deine Zielgruppe mag es schön orange. Jetzt baust du deinen Social-Media-Account mit einer orangenen Branding-Farbe auf. Das bedeutet, du erstellst täglich Beitragsbilder, in denen Orange dominiert. Deine Website und auch deine Präsentationen … alles ist orange. Sehr wahrscheinlich wird dir das sehr schnell ziemlich auf den Zeiger gehen, und du verlierst die Lust. Um das zu vermeiden, wählst du DEINE Lieblingsfarben für die Branding-Farben aus. Nicht nach der Farbpsychologie, sondern nach deiner Vorliebe. Denn wie gesagt, DU hast es jeden Tag im Blick. Und da du dir eine Zielgruppe ausgesucht hast, die zu dir und deiner Persönlichkeit passt und die mit deiner Art sehr gut zurechtkommt, wird sie sehr wahrscheinlich deine Farbwahl unterstützen.

Und die magischen Worte finden wir anhand der Triebfeder unserer Zielgruppe. Wenn wir die Triebfeder unserer Zielgruppe für unser Thema gefunden haben, dann wissen wir auch, auf welche Worte sie anspricht.

Und das war es auch schon, mehr ist es nicht!

Feedback nur von deiner Zielgruppe

Mal Hand aufs Herz: Wie oft hast du dir schon Feedback für zum Beispiel deine Website, deine Beiträge, deine Farbgestaltung et cetera bei anderen Menschen geholt? Und wahrscheinlich waren das alles Menschen, die eigentlich gar nichts mit deinem Thema zu tun haben, aber du dachtest: »Egal, je mehr Feedback, umso besser!«

Wie oft hast du dir schon solch ein Feedback eingeholt und dachtest, damit bist du auf der sicheren Seite? Was ist, wenn ich dir sage: Gerade dieses Feedback sorgt dafür, dass du nicht erfolgreich wirst! Das kannst du nicht glauben? Es ist aber leider genauso!

Ich sehe das täglich in diversen Facebook-Gruppen, und auch auf Instagram ist diese Vorgehensweise sehr beliebt: Feedback – Time! Du schreibst den Namen deines Accounts in die Kommentare, und alle, die jetzt mitlesen, geben ihren Senf – Entschuldigung – ihr Feedback zu deiner Bio, deinen Beiträgen, deinem Profilbild, deinem Feed und so weiter ab. Denn hey, wir freuen uns doch, wenn wir nach unserer Meinung gefragt werden, ob sie nun hilfreich ist oder nicht.

Und ob das Feedback positiv oder negativ ausfällt, kommt ganz auf die Persönlichkeit der Befragten an. Die einen formulieren ihr Feedback immer so richtig schön positiv: »Das ist soooo schööööön!« Ob sie das jetzt tatsächlich soooo schööööön finden oder nicht, wissen wir nicht genau, aber wir sind wahnsinnig glücklich, dass es jemandem gefällt. Und dann gibt es die anderen, die genüsslich ihren Holzhammer rausholen und alles erst mal so richtig auseinandernehmen.

Beides – solange es nicht von unserer Zielgruppe kommt – hilft uns keinen Schritt weiter. Ganz im Gegenteil! Eigentlich sollte es uns vollkommen egal sein, was Gott und die Welt von unserem Angebot, der Landingpage, oder dem Social-Media-Auftritt denkt.

Es zählt nur, was unsere Zielgruppe darüber denkt UND ob sie sich angesprochen fühlt. Denn die gesamte Arbeit, die wir uns mit der Definition unserer Zielgruppe gemacht haben, war ganz allein dafür gedacht, später die direkte und passende Kundenansprache formulieren zu können. Wenn wir vorher aber Menschen um ihr Feedback bitten, die nicht zu unserer Zielgruppe gehören, was glaubst du, was dann passiert?

Sehr wahrscheinlich werden sie nicht verstehen, was wir geschrieben haben, und sich überhaupt nicht angesprochen fühlen. Und das ist auch absolut richtig so, denn sie sind ja nicht unsere Zielgruppe.

Gerade erst hatte ich ein Erlebnis, das sehr deutlich zeigt, wie schädlich es sein kann, auf die Meinung von Menschen zu hören, die nicht zu unserer Zielgruppe gehören. Im November 2021 stand mal wieder mein kostenfreies Zielgruppen-Bootcamp an, und ich wollte dafür im Vorfeld eine Werbeanzeige gestalten. Weil ich mit dem Thema Werbeanzeigen auf Facebook bis dahin eher weniger Erfahrung hatte, habe ich mal wieder in mich und mein Business investiert und mir einen Kurs gebucht. Zum Angebot gehörte auch ein Feedback-Termin mit den Expert*innen. Dafür sollte man vorher seine Werbeanzeige einreichen (ein Beitragsbild und ein Text).

Natürlich war ich im Vorhinein schon skeptisch, da ich der Auffassung bin: Feedback hilft mir nur, wenn es von meiner Zielgruppe kommt. Aber ich hatte die Hoffnung, dass das Feedback der Expert*innen sich rein auf den Aufbau und nicht auf Inhalte und Farben beschränken würde. Also habe ich mein Beitragsbild inklusive Text eingereicht und war sehr gespannt, was da auf mich zukommen würde.

Keine zwei Minuten nachdem dieser Call gestartet war, kam eine Ansage, die ich schon befürchtet hatte: »Ich freue mich sehr, dass ihr heute so zahlreich mit dabei seid. Und natürlich freuen wir uns, wenn ihr ebenfalls euer Feedback zu den eingereichten Bildern und Texten im Chat abgeben möchtet. Je mehr, umso besser!«

Das war der Punkt, an dem mein Kopf bildlich gesehen auf die Tischplatte fiel und ich mein virtuelles Popcorn auspacken konnte. Es war mal wieder so weit: »Lasset die Spiele beginnen!«

Und dann ging es auch schon los:

- »Also ich finde die Farbwahl ja zu dunkel/zu grell/zu fade/zu bunt …«
- »Ich würde das nicht so formulieren, sondern würde schreiben …«
- »Ich finde, der Text ist viel zu lang/zu kurz …«
- »Das Bild ist viel zu aufdringlich/zu langweilig …«
- »Ich verstehe nicht, was du damit sagen willst …«

Es war wie auf einem Schlachtfeld. Manche waren eher vorsichtig in ihrer Kritik, andere absolut gnadenlos.

Und dann kam meine Anzeige mit Bild und Text an die Reihe, und natürlich bekam auch ich »mein Fett weg«. Viele fanden die Wortwahl »Finde die Zielgruppe, mit der du endlich Geld verdienst!« zu provokant und viel zu dominant. Eine sagte sogar, dass es ihr das Wort »Zielgruppe« viel zu männlich sei. Sie würde »Soul-Client« oder »Wunschkund*in« besser finden. Es gab Frauen, denen war mein Pink zu grell, und ohne Bild wäre die ganze Anzeige doch kaum auffällig genug. Anderen waren die plakative Schrift und die gesamte Anzeige viel zu auffällig.

Nach zwei Minuten habe ich das Drama beendet und meine Meinung zum Thema Feedback in großer Runde bekannt gegeben. Viele meinten dann, ich wäre einfach nur beleidigt, weil meine Anzeige nicht so gut angekommen wäre. Und andere wiederum waren gleich selbst beleidigt, weil ich ihr Feedback nicht wertschätzte.

Long Story short … der Großteil dieser Frauen befindet sich in einer grünen oder gelben Zielgruppe. Und für diese Frauen zählen Harmonie, Austausch und Selbstverwirklichung. Ich möchte mit meinen Anzeigen Frauen aus der roten Zielgruppe ansprechen, die zielstrebig, entscheidungsfreudig und erfolgsorientiert sind. Frauen, die Geld verdienen wollen und denen es wichtig ist, dass sie mit ihrem Business wachsen und weiterkommen. Demnach habe ich meine verbale (Worte) und nonverbale (Farbgebung und Schriftart) Ansprache speziell für Frauen in der roten Zielgruppe ausgewählt. Und dass sich so viele dieser Frauen aus der gelben und grünen Zielgruppe überhaupt nicht angesprochen fühlten von meiner Anzeige, hat mir gezeigt, dass ich auf dem richtigen Weg war.

Doch wie ist das mit Menschen, die sich nicht so sicher mit ihrer Zielgruppe und ihrer Kundenansprache sind? Was passiert, wenn sie sich von solch einem Feedback verunsichern lassen? Zuerst einmal zweifeln sie an sich selbst, denn nach solch einer vernichtenden Kritik verstehen sie nicht, wie sie jemals glauben konnten, dass ihre Anzeige die richtigen Menschen ansprechen würde. Sie fangen an, ihre gesamte Arbeit dem Feedback anzupassen. Vielleicht sind sie auch verwirrt, weil gegensätzliches Feedback dabei war, so wie bei mir: Auf der einen Seite war das Bild zu grell und zu auffällig, und auf der anderen Seite zu unscheinbar.

Wie geht man mit solch einem Feedback um? Was soll man verändern, wenn man doch glaubt, dass diese Rückmeldungen hilfreich sind?

Das Ende vom Lied ist meist, dass die Arbeit dann so angepasst wird, dass es zum Feedback der Menschen passt, die es gegeben haben. Da diese Menschen aber nicht zur Zielgruppe gehören, wird das Ergebnis sehr wahrscheinlich nicht zum Erfolg führen.

Nehmen wir das Beispiel mit der Werbeanzeige für mein Bootcamp: Hätte ich das Wort »Zielgruppe« beispielsweise gegen »Soul-Client« ausgetauscht und dann noch ein harmonisches Bild mit dem Text »Wie du mit Fülle und Gelassenheit deine Soul-Clients findest« daruntergesetzt, was glaubst du, wäre dann passiert?

Entweder hätten sich Frauen aus der grünen Zielgruppe angemeldet, was im Endeffekt nur in einem Desaster hätte enden können, denn diese Frauen passen nicht zu meiner Persönlichkeit und definitiv nicht zu meiner Art zu arbeiten. Oder – was wahrscheinlicher gewesen wäre – es hätte sich niemand angemeldet. Denn »mit Fülle und Gelassenheit deine Soul-Clients finden« bin auf keinen Fall ich. Und genau das wäre in der weiteren Formulierung des Textes sehr schnell klar geworden.

Das Gute – oder manchmal auch das Blöde – ist: Unsere Zielgruppe merkt sofort, wenn wir nicht authentisch sind. Damit wirken wir nicht mehr vertrauenswürdig, und es meldet sich niemand an beziehungsweise keiner kauft etwas.

Fakt ist: Feedback ist ausschließlich hilfreich, wenn es von der Zielgruppe kommt, die zu uns passt und die wir uns mit einer gut ausgearbeiteten Zielgruppendefinition ausgesucht haben.

Denn nur diese Menschen …

- denken, wie wir schreiben.
- mögen die Farbgebung.
- verstehen die Wortwahl.
- können mit unserer Art zu arbeiten umgehen.
- teilen die gleichen Werte.

Und wenn du noch ganz am Anfang stehst und noch gar keine eigene Zielgruppe hast, die du fragen kannst? Vertraue auf die Arbeit, die du dir mit der Definition deiner Zielgruppe gemacht hast. Und höre auf dein Bauchgefühl.

In der Anfangszeit muss man immer wieder Dinge ausprobieren. Sollte etwas nicht funktionieren, finde heraus, warum es so ist, und probiere etwas anderes aus. Nur aus Unsicherheit nach Feedback von Menschen zu fragen, die nicht zu deiner Zielgruppe gehören, bringt dir weniger Erfolg, als wenn du einfach mal alles ausprobierst. Je mehr wir ausprobieren und herausfinden, warum etwas nicht funktioniert, um es dann erneut zu versuchen, umso mehr lernen wir über unsere Zielgruppe.

Und je mehr wir über sie wissen, umso sicherer werden wir auch in unserer Kundenansprache.

Scheitern ist (k)eine Option

Gerade wenn es um die Definition der eigenen Zielgruppe geht, geben viel zu viele Menschen viel zu früh auf. Prinzipiell würde ich sogar sagen: Es ist immer zu früh, um aufzugeben.

Was bringt uns dazu, den eingeschlagenen Weg nicht mehr weiterzugehen?

- Bei manchen ist es die Angst, falsche Entscheidungen zu treffen.
- Andere suchen Wege, um wieder zurück in ihre Komfortzone zu kommen.
- Und wieder andere haben das Gefühl, gescheitert zu sein, und geben einfach auf.

Über die Angst, falsche Entscheidungen zu treffen, haben wir bereits gesprochen. Und wer unbedingt wieder in seine Komfortzone zurück will, den wird auch dieses Buch nicht davon abhalten. In diesem Kapitel möchte ich gern über das Thema Scheitern sprechen, denn ich finde, es gehört auf jeden Fall zur Definition der eigenen Zielgruppe dazu.

Ganz besonders in Deutschland werden wir nach unseren Erfolgen bemessen. Immer geht es darum, etwas erreicht zu haben. In keinem anderen Land der Welt werden Misserfolge so geächtet wie hier bei uns.

Ein Beispiel: Nehmen wir mal an, ich hätte den Versuch gestartet, mich mit einem speziellen Catering-Service selbstständig zu machen. Damit dieses Unternehmen überhaupt eine Chance haben konnte, musste ich im Vorfeld einen Kredit aufnehmen. Es mussten eine Küche gemietet und die ganzen Utensilien besorgt werden – alles in allem 50 000 Euro für den Start.

Jetzt hat das nicht so wirklich gut funktioniert, und nach zwei Jahren stelle ich fest: Es macht mehr Sinn, die Selbstständigkeit aufzugeben, weil ich mich sonst noch viel mehr verschulden würde. Wenn ich jetzt einen neuen Versuch als Selbstständige starten möchte, sagen wir als Online-Coach, werde ich von allen Seiten mehr als nur schräg angeschaut. Wie kann ich es wagen, überhaupt nur darüber nachzudenken, mich noch einmal selbstständig machen zu wollen? Das hat doch beim ersten Mal schon nicht funktioniert, dann wird es beim zweiten Mal sicher ebenfalls in die Hose gehen. Ich werde von meiner Umwelt in die Loser-Schublade gesteckt.

In den USA ist es zum Beispiel so, dass man sogar beim Neustart noch unterstützt wird. Dort ist es kein Problem, wenn man es noch mal versuchen möchte. Ganz im Gegenteil, man bekommt alle Unterstützung, die man braucht. Hier in Deutschland habe ich manchmal das Gefühl, man wird regelrecht an den Pranger gestellt.

- Wie, Sie haben NUR einen Realschulabschluss?
- Was haben Sie denn studiert? Ach wie, Sie haben gar nicht studiert? Aber wieso glauben Sie dann, dass Sie für diesen Job geeignet wären?
- Ach was, Erfahrungen! Das Einzige, was zählt, sind Zeugnisse!

Und wenn in Deutschland etwas gefragt ist, dann ist es Selbstoptimierung. Wir lieben doch die Geschichten des Erfolges: Wir sind erst glücklich, wenn wir schlanker, attraktiver, erfolgreicher sind. Also reißen wir uns doch bitte zusammen und versuchen mal, eben perfekt zu sein.

Aber egal, wie viel Willensstärke und Motivation wir an den Tag legen, wir können alles nicht so kontrollieren, dass es perfekt läuft.

- Wir treffen die falschen Entscheidungen.
- Dinge gehen schief.
- Wir machen Fehler.
- Wir irren uns.
- Wir scheitern.

Aber wie heißt es so schön: Fehler sind menschlich. Und das ist tatsächlich so. Überlegen wir doch mal, wie wir all das Wissen erlangen konnten, das wir heute haben. Wir haben gelernt. Und lernen beinhaltet, dass wir auch mal Fehler machen. Das ist ganz natürlich. Denn solange wir uns mit etwas nicht auskennen, müssen wir es so lange ausprobieren, bis wir es kennen. Oder wie hast du sprechen, schreiben, laufen, Schnürsenkel binden oder Fahrrad fahren gelernt?

Was ist, wenn ich dir sage: Die Angst vor dem Scheitern wurde uns regelrecht anerzogen? Überlege mal, wie das in deiner Kindheit war. Wenn du für etwas ausgeschimpft wurdest, worauf bezog sich das? Auf die Tat an sich oder auf dich als Person?

Ich hatte einen sehr strengen Vater, und wenn ich dann zum Beispiel aus Versehen etwas kaputt gemacht hatte, dann wurde ich als Person ausgeschimpft:

- »Wie konntest du nur?«
- »Was bist du für ein Tollpatsch!«
- »Pass das nächste Mal doch besser auf!«
- »Du bist ein böses Kind!«
- … und so weiter.

Da ging es nicht darum, dass etwas kaputt war. Das hätte dann so klingen können: »Die schöne Vase. Die hat uns Tante Gerda zur Hochzeit geschenkt. Ich bin jetzt traurig, dass sie kaputt ist. Pass doch einfach das nächste Mal besser auf!«

Nein, ich hatte jedes Mal das Gefühl, ein schlechtes Kind zu sein. Und natürlich habe ich dann versucht, ein »gutes Kind« zu sein. Gab es eine gute Note, dann hieß es: »Braves Mädchen, das hast du gut gemacht!« Gab es eine schlechte Note, dann hieß es: »Ach Claudia, warst du wieder zu faul zum Lernen!«

Wenn man so etwas als Kind oft genug hört und das nicht nur zu Hause, dann prägt sich so was ein. Und wir werden alles tun, um dieses Gefühl des Nicht-akzeptiert-Seins nicht wieder spüren zu müssen. Im Prinzip lernen wir von klein auf, dass es das Schlimmste ist, einen Fehler zu machen. Und genau so verhalten wir uns dann im Erwachsenenalter:

»Scheitern? Das sollte mir nicht passieren! Ich habe selbstsicher und erfolgreich zu sein, ich darf mir keine Fehler erlauben. Und wenn ich doch einmal scheitern sollte, dann sollte ich es gut verbergen und weitermachen, als wäre nichts geschehen.«

Hast du dir schon mal Gedanken darüber gemacht, wie oft in deinem Leben die Angst vor dem Scheitern deine Träume zerstört hat? »Was wäre, wenn ich mich falsch entscheiden würde? Och … dann lasse ich es lieber gleich! Was wäre, wenn ich einen Fehler machen würde? Och … dann lasse ich es lieber gleich! Was wäre, wenn ich mich lächerlich machen würde? Och … dann lasse ich es lieber gleich!«

Sobald die Frage mit »Was wäre, wenn« anfängt, haben wir schon verloren. Denn es ist nicht nur so, dass wir gar nicht wissen können, was geschehen wird – NEIN, wir stellen uns das Schlimmste vor, was passieren könnte!

Rein theoretisch könnten wir uns auch das Beste vorstellen, tun wir aber nicht. Denn der menschliche Geist hat eine eingebaute Tendenz, Negatives stärker zu bewerten als Positives. Studien zufolge wirkt Negatives fünfmal stärker als Positives.

Hierzu ein Beispiel: Stell dir vor, du erstellst deine Website. 100 Menschen geben dir daraufhin Feedback.

- 72 sagen, die Website ist supertoll geworden.
- 26 sagen, sie finden die Website gut.
- 2 sagen, die Website gefällt ihnen überhaupt nicht.

Welche dieser Antworten nimmst du dir zu Herzen?

Richtig die beiden, die gesagt haben, ihnen gefällt die Website überhaupt nicht. Dass 98 Menschen die Website gut fanden, interessiert nicht. Denn wie gesagt, wir bewerten Negatives um einiges stärker als Positives. Vor allem Frauen neigen dazu, Fehler und Ursachen des Scheiterns schnell bei sich selbst zu sehen, wohingegen sie Erfolge meist Glück oder den günstigen Umständen zuschreiben.

Die angeborene Veranlagung, negative Eindrücke und unangenehme Informationen als wichtiger zu bewerten, und die eingeprägten Erfahrungen aus unserer Kindheit, dass es etwas Schlechtes ist, Fehler zu machen, führen bei uns zu einer verzerrten Wahrnehmung.

Wenn es für dich wichtig ist, was andere von dir und deinem Business denken, dann habe ich hier etwas für dich: Wir können gar nicht wissen, was genau die anderen denken. Meist glauben wir nur, dass sie schlecht von uns denken, aber es ist gar nicht so. Vielleicht können wir ein paar Menschen fragen, aber bei allen wird uns das nicht gelingen. Fakt ist: Den meisten Menschen sind wir schlichtweg völlig egal. Sie haben genug mit sich selbst zu tun, denn jeder ist sich selbst am nächsten.

Es wird immer Menschen geben, die es großartig finden, was wir tun. Genauso wie es immer Menschen geben wird, die genau das absolut furchtbar finden. Doch tatsächlich ist es den meisten Menschen völlig egal, wer wir sind und was wir tun. Im Endeffekt werden wir es niemals allen recht machen können.

Und selbst wenn jemand nicht gut findet, was oder wie wir es machen … na und?! Ist es wirklich so entscheidend, ob andere mit dem, was wir tun oder wie wir es tun, einverstanden sind? Oder ist es nicht viel entscheidender, dass wir selbst damit einverstanden sind? Möchtest du dein Leben, dein Denken, dein Handeln davon abhängig machen, was andere darüber denken? Und dann sind das auch noch Menschen, die du gar nicht wirklich kennst. Ganz am Ende des Tages musst DU mit den Konsequenzen leben – niemand sonst!

Wenn die Angst vor dem Scheitern uns blockiert, dann sollten wir uns zwei Fragen durch den Kopf gehen lassen:

1. Warum haben wir so viel Angst, etwas falsch zu machen?
2. Warum ist es für uns so wichtig, was andere darüber sagen?

Ich persönlich halte es so, dass ich mich einfach ausprobiere. Ich treffe Entscheidungen – schnell und sicher, und wenn sich herausstellt, dass es nicht die richtige Entscheidung war, dann finde ich heraus, was falsch gelaufen ist, und entscheide mich neu. Das mache ich so lange, bis ich das Gefühl habe: »Jetzt bin ich richtig.« Leider machen es sehr viele Menschen ganz anders. Ich nenne das gern »den normalen Wahnsinn«.

Stell dir vor, du stehst – bildlich gesehen – an einer Kreuzung und musst jetzt die Entscheidung treffen, ob du rechts oder links abbiegen sollst. Du entscheidest dich für links. Jetzt läufst du nach einer Weile gegen eine Wand, und es geht nicht weiter. Die Mehrheit der Menschen würde sich jetzt um 180 Grad umdrehen und in die entgegengesetzte Richtung laufen. Denn sie gehen alle davon aus: Wenn links nicht der richtige Weg war, dann muss es rechts sein. Das stimmt aber so nicht!

Gerade bei der Definition der eigenen Zielgruppe kann es häufiger vorkommen, dass wir – ebenfalls bildlich gesehen – gegen eine Wand laufen, bei der wir das Gefühl haben, es ginge nicht weiter. An diesem Punkt können wir nicht wissen, ob es der richtige Weg ist. Ja, er scheint schwierig und anstrengend, aber das sagt noch gar nichts darüber aus, ob er richtig oder falsch ist. Doch die meisten Menschen gehen lieber in die andere Richtung. Denn wenn es augenscheinlich auf den ersten Blick nicht weitergeht, muss es der falsche Weg sein.

Das Blöde ist nur: Sehr wahrscheinlich landen wir, wenn wir in die andere Richtung gehen, schon wieder vor einer Wand. Denn wenn wir einen Weg das erste Mal gehen, wissen wir nicht, was auf uns zukommt. Bei allem, was wir neu lernen müssen, ist die Anfangsphase schwierig und auch mal anstrengend. Das bedeutet: Wenn wir uns immer wieder um 180 Grad drehen, um in die andere Richtung zu laufen, wenn wir auf Schwierigkeiten stoßen, werden wir niemals am Ziel ankommen.

Wenn ich mal wieder vor so einer Wand stehe, schaue ich, ob es vielleicht einen Weg gibt, der um die Wand herum oder über sie hinweg führt. Vielleicht muss ich auch nur ein paar Steine aus dem Weg räumen. Egal wie, ich finde einen Weg, um dieses Hindernis zu überbrücken, und gehe dann auf dem gleichen Weg weiter – bis zur nächsten Wand. Und auch dort werde ich wieder alle Hindernisse umgehen oder überbrücken. Bis ich irgendwann an meinem Ziel angekommen bin.

Denn nur wenn du Lösungen findest, anstatt dem Problem aus dem Weg zu gehen, verlierst du die Angst davor, etwas falsch zu machen. Und nur wenn die Angst vom Tisch ist, haben wir die Freiheit, auch mal mutig etwas Neues auszuprobieren. Gerade wenn wir in eine Selbstständigkeit starten, werden wir sehr oft das Gefühl haben, etwas Falsches zu tun oder eine falsche Entscheidung getroffen zu haben. Der einzig richtige Weg ist dann, zu sehen, was falsch gelaufen ist, und daraus zu lernen.

Alle großen und erfolgreichen Menschen sind nicht dorthin gekommen, wo sie jetzt sind, weil sie den einfachen Weg gewählt haben. Meine Großmutter hat mal etwas zu mir gesagt, das mittlerweile als Bild über meinem Schreibtisch hängt: »**Du hast noch nie etwas falsch gemacht, und du wirst auch nie etwas falsch machen! Du wirst dich höchstens aufgrund dessen, was du gelernt hast, das nächste Mal für etwas anderes entscheiden.**«

Wenn Erfolg dein Ziel ist, dann ist Scheitern der Weg!

Follower – das neue Statussymbol?!

Wer auf Social Media startet, sieht überall die bereits erfolgreichen Accounts und denkt sich: »JA, genau das will ich auch!« Direkt gefolgt von: »Aber wie soll ich das schaffen?«

Wenn wir im Social-Media-Bereich starten, dann haben wir überhaupt keine Vorstellung davon, was alles hinter solch einem Account steckt. Was genau man dafür braucht und wie lange es eigentlich dauert, bis wir mal eben so 1000 Follower zusammenhaben.

Ich bin schon ein wenig länger auf diversen Plattformen unterwegs, und gerade in der letzten Zeit habe ich vermehrt eine Sache festgestellt: Es wird von sehr vielen Social-Media-Coaches ganz klar in den Vordergrund gestellt, wie wichtig es sei, dass man mindestens 1000 Follower hat. Wo genau diese Zahl herkommt, weiß ich nicht. Aber sie taucht immer und immer wieder auf.

In diesem Kapitel möchte ich mit ein paar Vorstellungen aufräumen, von meinen eigenen Erfahrungen erzählen, aber in erster Linie möchte ich dir Mut machen.

Die Idee zu diesem Kapitel, kam mir vor einigen Tagen. Neulich habe ich mich ganz entspannt durch Instagram gescrollt und habe mir angeschaut, was die Kolleg*innen so alles Neues zu sagen haben. Dabei ist mir ein Beitrag aufgefallen, der mich neugierig gemacht hat: »Wer mehr Follower will, der muss ein Leader sein!«

Der Beitrag war sehr gut geschrieben und hat mich auch absolut abgeholt, also habe ich mir die Website angeschaut, denn ich möchte immer gern wissen, wer oder was hinter solch einem Beitrag steckt, der mein Interesse weckt. Gesagt, getan!

Doch was ich dort gelesen habe, hat mir echt die Sprache verschlagen. Und wer mich kennt, der weiß: Das passiert im Normalfall nicht so schnell. Aber nicht nur, dass es mir die Sprache verschlagen hat, sondern es hat mich auch echt wütend gemacht.

Aber fangen wir doch ganz von vorne an. Ich bin auf der Startseite dieses Herrn gelandet und wurde direkt mit folgendem Satz begrüßt: »Followerzahlen sind nicht alles, sagt man. Blöd ist nur, dass man mit 200 bis 300 Followern im Business nicht weiterkommt!«

Das hat mich schon stutzig werden lassen. Denn wieso bitte, sollte ich mit 200 bis 300 Followern in meinem Business nicht weiterkommen? Ich persönlich habe auf Instagram mit gerade mal 97 Followern monatlich mehr als 3000 Euro Umsatz generiert. Wie kommt er also darauf, dass ich mit 200 bis 300 Followern nicht weiterkomme? Also habe ich weitergelesen:

> *»[…] die harte Realität ist: Wenn dich User auf Instagram entdecken, bilden sie sich die erste Meinung über dich aufgrund deiner Followerzahlen.«*

Echt jetzt?! Wie machst du das, wenn du auf einen neuen Account kommst? Schaust du zuerst auf die Followerzahlen? Entscheidest du anhand der Followerzahlen, ob der Content passt oder nicht?

Wenn ich auf ein neues Profil komme, dann schaue ich zuallererst auf die Bio und das Profilbild, dann auf den Feed. Und wenn überhaupt (meist aus beruflichen Gründen), schaue ich ganz zum Schluss auf die Followerzahl. Im Prinzip ist es mir persönlich relativ egal, ob da 97 oder 42k steht. Wenn es ein Profil ist, das mich nicht anspricht oder das mir nicht das gibt, was ich will, dann können das auch 1,5 Millionen Follower sein. Dann werde ich diesem Profil nicht folgen, so einfach ist das! Wenn ich hingegen ein Profil finde, das mich anspricht und das mich weiterbringt, dann folge ich, auch ohne vorher auf die Followerzahlen zu schauen.

Hier muss natürlich erwähnt werden: Ob die Followerzahl deines Social-Media-Accounts relevant ist, hängt ganz davon ab, welche Zielgruppe du dir ausgesucht hast. Achtet deine Zielgruppe auf so etwas wie Followerzahlen, oder ist es ihr relativ egal?

Aber gehen wir doch noch mal zurück zu diesem besagten Herrn und seiner Startseite. Denn der nächste Satz, den ich gelesen habe, hat mich dazu inspiriert, das Thema Follower überhaupt erst in dieses Buch mit aufzunehmen:

> *»Ich kann mir vorstellen, dass du glaubwürdig, kompetent [...] rüberkommen möchtest [...] wegen dieser starken Außenwirkung glaube ich, dass jeder Selbstständige mindestens 1000 Follower auf Instagram braucht.«*

Da hat aber jemand schön in die Schmerzkiste gegriffen. Aber, und das muss ich leider zugeben, es spiegelt sehr gut die Einstellung unserer Gesellschaft wider: Glaubwürdig, kompetent, erfahren und seriös ist nur jemand, der schon xy Zertifikate, Urkunden Zeugnisse oder auch Follower vorzuweisen hat. Aufgrund solcher Aussagen verzweifeln sehr viele Menschen beim Thema Social Media. Eben weil sie glauben, sie müssen erst mal mindestens diese 1000 Follower haben, bevor sie für ihre Zielgruppe kompetent und seriös erscheinen.

Ich weiß nicht, wie es dir geht, aber ich sehe täglich viele Beiträge von Accounts, die deutlich über 1000 Follower haben, bei denen sich mir die Nackenhaare aufstellen. Dieser Content ist weder hilfreich noch gut ausgearbeitet. ABER sie haben ja mehr als 1000 Follower, also müssen sie gut sein?!

Manche Coaches haben ein Halbwissen in ihrer Branche und bedienen dieses, weil sie glauben, dass es gerade sehr gefragt ist. Vor ein paar Monaten hatte ich eine Unterhaltung mit einer Dame, die mit ihrem Instagram-Coaching einen Account von ungefähr 3200 Followern aufgebaut hat. Nach unserem Kontakt ist mir aufgefallen, dass auf ihrem Account vermehrt Beiträge zum Thema Zielgruppe aufgetaucht sind. Und nicht nur das, jeder einzelne Beitrag kam mir sehr bekannt vor, sowohl die Bildsprache als auch das Thema betreffend.

Ja, es waren meine Beiträge, ein wenig umformuliert, aber definitiv kopiert.

An dieser Stelle möchte ich erwähnen: Selbstverständlich kannst du dir für deine Beiträge Inspirationen bei anderen Accounts holen, aber bitte nicht einfach so kopieren. Das bringt überhaupt nichts.

Und auch wenn besagte Dame sich mit dem Thema Zielgruppe jetzt intensiver zu beschäftigen schien, ihre Aussagen waren einfach grundlegend falsch. Ist sie jetzt, weil sie 3200 Follower hat, kompetenter, seriöser oder erfahrener, wenn es um das Thema Zielgruppe geht?

Ganz klar NEIN!

Wenn ich jetzt auf Social Media starte und nicht unbedingt ein Budget von 5000 Euro monatlich habe, um über Werbeanzeigen meinem Account die nötige Reichweite zu verschaffen, bleibt mir nur, die Reichweite organisch zu steigern. Und laut dem Coach, dessen Seite ich mir angesehen habe, brauche ich mindestens 1000 Follower, um überhaupt erst einmal Kunden zu gewinnen.

Organisch zu wachsen – also regelmäßig Beiträge posten, Storys machen, mit anderen Accounts interagieren –, ist wahnsinnig zeitintensiv und anstrengend. Um rein organisch auf 1000 Follower zu kommen, brauchst du ganz entspannt schon mal ein ganzes Jahr. Die meisten haben diese Zeit im Vorfeld nicht, denn sie wollen ja so schnell wie möglich Geld verdienen.

Also gibt es mittlerweile folgende Möglichkeiten:

- Ich kann mir Follower kaufen.
- Ich kann mich Follower-Trains anschließen.
- Ich kann das Follow-4-Follow-System anwenden.
- Ich kann Social-Media-Agenturen beauftragen, die mit Klickarbeitern dafür sorgen, dass ich die notwendige Reichweite erlange.

Kann das hilfreich sein? Schauen wir uns diese Möglichkeiten doch mal genauer an.

Ich kann mir Follower kaufen

Es gibt mittlerweile sehr viele Seiten im Netz, auf denen ich mir Follower kaufen kann. Da kosten 1000 Follower gerade mal 9,99 Euro. Das ist doch ein Schnäppchen. 9,99 Euro, und ich kann mir ein ganzes Jahr

Posten, Liken und Interagieren sparen. Außerdem wirke ich dann auch direkt kompetent, erfahren und seriös … Wenn du jetzt denkst: »Das ist doch super!«, muss ich dich enttäuschen. Denn das ist es auf keinen Fall.

Die 1000 Follower, die du dir kaufen kannst, werden dir zwar folgen, aber gehören nicht zu deiner Zielgruppe. Das bedeutet, sie werden sich nicht für deinen Content interessieren und schon gar nicht damit interagieren. Und das wiederum blockiert den Content für deine wahre Zielgruppe. Was bedeutet, je weniger Interaktion auf deinen Beiträgen stattfindet, umso weniger wird der Beitrag ausgespielt. Die Chance, dass dein Beitrag an die Menschen deiner Zielgruppe ausgespielt wird, ist somit sehr gering. Gekaufte Follower bringen dir nichts, außer einer Zahl auf deinem Account.

Ich hatte mal eine Kundin, die mich fragte: »Wie ist das, wenn ich als Influencerin arbeiten möchte. Um eine Kooperation zu bekommen – also Geld zu verdienen, zum Beispiel mit Mode – brauche ich doch nur 50k Follower. Wenn ich mir diese 50k jetzt kaufe, dann bekomme ich Anfragen für Kooperationen und kann damit direkt Geld verdienen … richtig?«

Falsch! Denn auch die Kooperationspartner von Influencern schauen auf die Interaktionszahlen im Account. Da geht es nicht darum, wie viele Follower du tatsächlich hast, sondern darum, wie viele von denen auch mit deinen Beiträgen interagieren. Denn diesen Kooperationspartnern geht es darum, über dich an eine Zielgruppe heranzukommen, die ihre Produkte kauft (beispielsweise Mode, Beauty und so weiter). Steht da nur eine Zahl und es findet keinerlei Interaktion statt, bringt das auch für diese Unternehmen nichts.

Also nein, mit gekauften Followern wirst du kein Geld verdienen. Egal wie!

Ich kann mich Follower-Trains anschließen

Was ist ein Follower-Train? Kannst du dich noch an die Kettenbriefe aus Kindertagen erinnern? »Wenn du nicht innerhalb der nächsten xy Tage/Stunden/Minuten diesen Brief an xy andere schickst, dann wirst du …!« Genauso läuft auch ein Follower-Train. Er ist definitiv nicht so dramatisch, aber das Prinzip ist das Gleiche.

Es geht um ein Schneeballsystem. Du bekommst eine Nachricht mit ungefähr 40 Account-Namen und eine Anleitung, wie das alles funktioniert. Im Endeffekt sollst du diese Nachricht kopieren und an so viele Menschen wie möglich verschicken. Von der Liste mit den 40 Accounts nimmst du den Letzten raus und fügst dich oben ein. Und natürlich musst du auch allen 40 Accounts selbst folgen.

Ja, so kannst du tatsächlich in kürzester Zeit viele Follower gewinnen, aber auch hier gilt: Sie sind nicht deine Zielgruppe! Also bringen dir die ganzen Follower aus dem Train ebenfalls keine Aufträge. Und dementsprechend auch keinen Umsatz.

Ich kann das Follow-4-Follow-System anwenden.

So haben sich einige große Accounts ihre Follower aufgebaut, und diese Methode ist auch heute noch sehr beliebt in der Instagram-Coaching-Szene. Folge anderen Accounts, damit sie dir ebenfalls folgen. Hört sich sinnvoll an, ist es aber leider nicht. Denn wieder mal kannst du auf diesem Weg nicht deine Zielgruppe erreichen.

Mich hat mal jemand gefragt: »Und was, wenn ich damit ausschließlich Accounts folge, die zu meiner Zielgruppe gehören?« Gute Frage! Aber schauen wir uns doch mal an, wie ich meine Zielgruppe definiert habe:

1. Ich unterstütze selbstständige Frauen, die über Social Media Kund*innen gewinnen wollen.
2. Sie sollten zielstrebig, erfolgs- und leistungsorientiert sein, schnell und sicher Entscheidungen treffen wollen.
3. Sie treffen mit der Triebfeder *Geld* ihre Kaufentscheidungen.

Welche dieser Eigenschaften kann ich anhand des Accounts erkennen? Richtig, gerade mal Punkt 1 – ich nenne ihn jetzt mal den Buyer-Persona-Punkt. Aber wenn ich weiß, dass es Frauen sind, die über Social Media Kund*innen gewinnen wollen, weiß ich noch lange nicht,

- an welchem Punkt sie gerade stehen: Problem-, oder Lösungsbewusstsein?
- ob sie sich überhaupt mit dem Thema auseinandersetzen wollen.
- welche Probleme sie haben.

Also faktisch kann ich anhand des Accounts nur erkennen, dass es sich um eine Frau handelt, die über Social Media Kund*innen gewinnen will, und ob sie Zielgruppendefinition nötig hat.

Das hilft mir aber keinen Schritt weiter. Also bitte auch Finger weg von dieser Möglichkeit.

Ich kann Social-Media-Agenturen beauftragen

Jetzt bleibt nur noch die Social-Media-Agentur. Und auch das habe ich selbstverständlich ausprobiert. Denn ich kann ja nur sagen, ob etwas funktioniert oder nicht, wenn ich es selbst ausprobiert habe.

Im ersten Augenblick hört sich diese Möglichkeit sehr vertrauenerweckend und hilfreich an: Eine Social-Media-Agentur nimmt mir die ganze lästige Arbeit des Interagierens mit anderen Accounts ab. Und wenn ich will, kommentiert sie auch noch in meinem Namen. Ich gebe meine Hashtags und Accounts in meiner Branche an, in der meine Zielgruppe vertreten ist. Dann setzen diese Agenturen Klickarbeiter darauf an, mit meinem Account (ja, ich muss meine Daten dafür hergeben) zu liken, zu folgen und so weiter. Sie interagieren also in meinem Namen mit potenziellen Kund*innen. Das bringt mir Reichweite und Follower, so weit, so gut.

Doch auch diese Vorgehensweise ist absolut nicht hilfreich, solange du dir eine Followerschaft aufbauen willst, um damit Geld zu verdienen. Denn auch hier trifft wieder das Gleiche zu, was ich schon bei Follow 4 Follow gesagt habe: Wie willst du erkennen, ob diese Personen zu deiner Zielgruppe gehören?

Jetzt könnte man meinen, wenn ich andere Accounts angebe, die Follower haben, die zu meiner Zielgruppe gehören, wäre es doch einfach, damit eine gute Followerschaft aufzubauen. Doch auch hier ist die Antwort wieder ein klares Nein. Ich habe das wie gesagt selbst ausprobiert, und gerade bei diesem Punkt habe ich ewig lange hin und her überlegt, welcher andere Account die gleiche Zielgruppe haben könnte wie ich. Und ich muss gestehen, auf Instagram bin ich leider nicht fündig geworden.

Gab es einen Account mit einer roten Zielgruppe, dann handelte es sich um Männer. War es das passende Thema, dann mit einer gelben oder grünen Zielgruppe. Also habe ich themenrelevante Accounts angegeben und habe eine Menge gelbe und grüne Follower gewonnen.

Wenn das eintrifft, werden diese Follower sehr wahrscheinlich mit dir und deiner Art zu arbeiten nicht wirklich gut zurechtkommen und mit der Zeit wieder gehen. Sehr wahrscheinlich werden sie deine Angebote nicht nutzen.

So, und jetzt? Keine dieser Möglichkeiten hilft dir, in kurzer Zeit 1000 Follower zu generieren. Was machst du jetzt? Ganz einfach: organisch wachsen.

Bereits ab dem ersten Follower haben wir die Möglichkeit, Geld zu verdienen. (Es sei denn, es handelt sich um Freunde, Familienmitglieder, Bekannte oder Kollegen.) Lass dir nicht erzählen, dass du mindestens xy Follower brauchst, um mit deinem Business weiterzukommen und mit deinem Business Geld zu verdienen. Wenn du die richtigen Menschen, nämlich deine Zielgruppe, die du dir ausgesucht hast, dazu bringst, dir zu folgen, wirst du damit schon mehr als genug zu tun haben.

Denn stell dir mal vor, du hast 300 Follower, die alle zu deiner Zielgruppe gehören. Du gibst ein Angebot für einen Workshop heraus, und nur die Hälfte ist daran interessiert. Würdest du 150 Menschen in einem Workshop glücklich machen können? Oder wäre das zu viel für dich?

Lass dich nicht verunsichern und wachse in deinem Tempo.

Zielgruppendefinition ist wie Onlinedating

Eine ehemalige Teilnehmerin meines Workshops meinte einmal: »Zielgruppendefinition ist wie Onlinedating!« Und damit hatte sie absolut recht. Denn mit der Definition unserer Zielgruppe machen wir uns auf den Weg, unsere Lieblingsmenschen zu finden. Die Menschen, mit denen wir in den nächsten Jahren die meiste Zeit verbringen werden.

So eine Onlinedatingplattform braucht viele Daten, wie du dir deine*n zukünftige*n Partner*in vorstellst, um dir dann im Anschluss die richtigen Menschen vorschlagen zu können. Jetzt stell dir mal vor, du würdest genauso auf die Suche nach einem Partner/einer Partnerin gehen, wie du mit einer Buyer Persona deine Zielgruppe definierst:

Frage: Was genau suchst du?
Antwort: Was genau ich suche? Hmm, also einen Mann … oder … eine Frau geht auch.

Frage: Und die sexuelle Orientierung?
Antwort: Hetero wäre gut! Obwohl, muss auch nicht unbedingt sein.

Frage: Und wie sieht es mit dem Familienstand aus? Was wünschst du dir da?
Antwort: Also schön wäre ja schon Single. Na ja gut, also wenn er getrennt lebend oder in Scheidung … oder halt verheiratet und getrennt … ach, eigentlich ist mir das egal!

Frage: Soll er/sie Kinder haben?
Antwort: Nein, keine Kinder! Obwohl so eins … zwei … na ja, also gut … drei gehen schon.

Frage: Welches Alter wünschst du dir?
Antwort: Also ich bin 51. Dann hätte ich gern so von 45 bis 5… nee, das ist mir zu alt. 35 … ach komm, weißt du was … machen wir von 25 bis 55, da wird schon was dabei sein!

Frage: Welche Interessen wären dir wichtig?
Antwort: Also an mir sollte schon Interesse bestehen.

Wie du siehst, würde so auf keinen Fall ein Happy End zustande kommen. Und genau das wird auch passieren, wenn keine Zielgruppendefinition gemacht wird. Wir dürfen nicht vergessen, dass wir mit den Menschen, die wir uns jetzt aussuchen, im besten Fall die nächsten Jahre verbringen werden. Unsere gesamte Arbeit machen wir nur, um diese Menschen zu unterstützen, ihnen zu helfen, sie zu begleiten. Also wäre es doch gut, wenn wir sie auch mögen, oder etwa nicht?!

Ich habe sehr lange Zeit mit Menschen gearbeitet, die nicht zu mir passten. Es war nervig, anstrengend und hat mich körperlich sowie geistig krank gemacht. Auch mit der eigenen Zielgruppe kann man eine toxische Beziehung eingehen, und glaube mir: Das willst du nicht.

Gerade in der Anfangszeit nach der Definition, wenn es in die Umsetzungsphase geht, müssen wir ganz genau darauf achten, nicht vom Weg abzukommen. Der Anfang ist hart, keine Frage, und die Abkürzung zurück zu »Alle, die …!« ist schnell genommen.

Wenn du dir sicher bist, dass diese Menschen, die du ausgesucht hast, am besten zu dir als Mensch passen, dann bleibe auch dabei. Behalte deinen Fokus, es wird sich im weiteren Verlauf auf jeden Fall auszahlen.

Zu Beginn meiner Zeit als Zielgruppencoach wurde ich auch schon mal gefragt, wie ich denn anderen Menschen zeigen wolle, wie das mit der Zielgruppe funktioniert, wenn ich es selbst nicht schaffen würde, meine Zielgruppe richtig anzusprechen. Woraufhin ich fragte, wie sie auf diese Schlussfolgerung kämen, dass ich es nicht schaffen würde, meine eigene Zielgruppe anzusprechen.

»Na ja, in deinem Workshop sind nur zwölf Frauen!«

Auch wenn meine Triebfeder *Geld* ist, für mich steht die Qualität meiner Angebote weit über der Quantität. Und wenn ich nur mit zwölf Frauen in meinem Workshop arbeite, dann liegt es daran, dass ich über 20 weitere Bewerberinnen vorher aussortiert habe. Und ja, es hat meiner Triebfeder so gar nicht gefallen, ABER ich möchte weiterhin Spaß an meiner Arbeit haben und suche mir die Menschen aus, mit denen ich zusammenarbeiten möchte. Und auch ich muss den ganz normalen Weg in Richtung Erfolg gehen. Auch wenn der Gedanke naheliegt, dass es bei mir schneller gehen sollte. Tut es nicht, ganz im Gegenteil.

Das Thema Zielgruppe ist nicht so beliebt wie so manch anderes Thema im Bereich Business-Coaching. Ich schlage mit meiner Arbeit sozusagen Furchen in den Urwald, so regelrecht mit einer Machete durch den Dschungel. Und das kann schon ganz schön langwierig sein.

Mit unserer Zielgruppe haben wir eine Beziehung, und auch hier gilt es herauszufinden, was geht … und was nicht geht! Also halte deinen Fokus, sei geduldig und vor allem mutig.

Das Freebie und die liebe Zielgruppe

Ich habe in diesem Buch das Wort »Freebie« schon des Öfteren verwendet, aber vielleicht weißt du noch gar nicht, was ein Freebie überhaupt ist? Der Begriff »Freebie« wird im Onlinemarketing für kostenfreie Angebote verwendet, die wir im Tausch für die Kontaktangaben unserer Zielgruppe verwenden. Die Grundlage dafür ist auf jeden Fall, dass das Angebot kein Geld kosten darf, sondern »nur« die E-Mail-Adresse.

Ein Freebie muss nicht unbedingt ein PDF sein. Es kann auch eine mehrtägige E-Mail-Challenge sein, ein Audio-Kurs, ein Webinar oder vielleicht ein Video. Wir verwenden ein Freebie, um unsere Zielgruppe auf unsere Expertise aufmerksam zu machen, und es ist gleichzeitig der Einstieg in die Kundenreise.

Auch wenn viele Coaches das anders sehen, für mich ist das Freebie eins der wichtigsten Hilfsmittel zur Kundengewinnung. Denn es sollte zu 100 Prozent auf unsere Zielgruppe ausgerichtet sein und ihr entweder bei der Lösung eines Teilproblems helfen oder ihr Wissen vermitteln, das sie auf ihrem Weg schon einen großen Schritt weiterbringt. Deshalb bitte kein Freebie anbieten, das absolut keinen Mehrwert hat und einfach so in den Tiefen der Festplatte verschwindet.

Natürlich bringt uns dieses Freebie Adressen auf unsere E-Mail-Liste. Aber wenn die Zielgruppe von unserem Freebie enttäuscht ist, wird sie sich schnellstmöglich wieder aus der Liste austragen und dann im weiteren Verlauf mit Sicherheit kein weiteres Angebot mehr von uns wahrnehmen!

Um ein wirklich gutes und hilfreiches Freebie erstellen zu können, das die eigene Zielgruppe unterstützt und dann zu Weiterempfehlungen führt, braucht man eine ganz wichtige Zutat: eine sehr gut ausgearbeitete Zielgruppendefinition! Wer seine Zielgruppe nicht wirklich gut kennt, der kann auch kein gutes Freebie erstellen.

Viele glauben zu wissen, was ihre Zielgruppe braucht, und erstellen dann anhand dessen beispielsweise ein 20 Seiten langes PDF, randvoll mit viel wertvollen Informationen. Sie stellen es online und wundern sich dann, dass sich niemand dafür zu interessieren scheint. Das liegt sehr wahrscheinlich daran, dass sie ein Thema gewählt haben, für das die Zielgruppe zwar die Lösung braucht, aber sie einfach noch nicht wirklich sucht.

Ich weiß aus eigener Erfahrung, wie schwierig es sein kann, ein Thema für ein Freebie zu finden. Es muss auf jeden Fall weiterhelfen und ein regelrechtes Aha-Erlebnis bringen. Allerdings sollte es auch nicht zu viele Informationen enthalten, denn sonst fühlt sich die Zielgruppe schnell überfordert.

Das Problem ist: Je mehr Wissen du über dein Thema hast, umso schwieriger wird es dir fallen, so ein kleines Teilstück herauszusuchen. Denk immer daran: Solch ein Freebie ist meist der erste Kontakt deiner Zielgruppe mit dir und deinem Thema. Wenn wir also davon sprechen, an welchem Punkt die Menschen stehen, bevor sie zum ersten Mal mit uns in Kontakt kommen, dann ist es genau das, was dir hilft, dein Freebie zu erstellen.

Ich liebe es ja, in Bildern zu sprechen, also los geht's: Deine Zielgruppe steht an ihrer Haltestelle, und du fährst mit dem Bus vor. Bevor sie einsteigen, drückst du ihnen eine Broschüre (dein Freebie) in die Hand. Anhand dessen entscheiden sie sich, ob sie einsteigen oder doch lieber auf den nächsten Bus warten.

Ich habe auch schon sehr oft – manchmal sogar tagelang – überlegt, wie ich meine Zielgruppe in den Bus bekomme. Es gibt doch so viele Punkte, an denen ich ansetzen kann, mit denen ich weiterhelfen kann. Doch irgendwann bin ich darauf gekommen: Es geht nicht darum, ein Freebie zu erstellen, mit dem sie in Zukunft arbeiten kann, sondern eins, das ihr jetzt hilft.

Ich war auch immer so eine Kandidatin, die gerne mal Plus-Minus-20-Seiten-PDFs geschrieben hat, nur weil ich das Gefühl hatte, ich müsste noch so viel erklären. Und genau das ist der Punkt! Sobald du das Gefühl hast, du müsstest erst einiges erklären, bevor deine Zielgruppe versteht, um was es in deinem Freebie eigentlich geht … dann bist du schon viel zu weit im Thema.

Ein PDF sollte nicht mehr als maximal vier bis fünf Seiten lang sein, eine Audiodatei und ein Webinar nicht länger als 20 Minuten und ein Video höchstens fünf bis zehn Minuten lang. Überfordere deine Zielgruppe nicht, sondern hilf ihr genau an dem Punkt weiter, an dem sie jetzt steht. Hilf ihr beim Einsteigen in den Bus. In die Tiefe gehen können wir später immer noch mit unserem Social-Media-Account.

Und um es noch besser erklären zu können, versuche ich, es dir an einem Beispiel zu verdeutlichen (wie immer): Meine Zielgruppe hat Probleme damit, regelmäßig oder generell Kund*innen zu gewinnen. Dafür braucht sie eine Zielgruppendefinition. Zur Zielgruppendefinition gehören die Grunddefinition, die Umfrage, die Interviews und zu guter Letzt noch die Formulierung der Kundenansprache. Das ist eine ganze Menge Material, das ich für ein Freebie nutzen könnte.

Die erste Frage, die ich mir stellen muss, ist: Wo hole ich meine Zielgruppe ab? Weiß sie schon, dass sie eine Zielgruppendefinition braucht? Wenn nicht, dann brauche ich ein Freebie, das meiner Zielgruppe dabei hilft, ihr tatsächliches Problem zu verstehen. Denn meine Zielgruppe glaubt noch, dass sie keine Kund*innen gewinnt, weil sie nicht genug Reichweite hat. Und dafür muss sie vielleicht ihre Website anders gestalten, die Texte umschreiben, das Thema ändern und so weiter.

Hier muss also ein Freebie erstellt werden, das die Zielgruppe von ihrem wahrgenommenen Problem zu ihrem tatsächlichen Problem geleitet – ganz vorsichtig! Dazu muss ich aber auch ganz genau wissen, welches das wahrgenommene Problem meiner Zielgruppe ist. Denn nach außen hin richtet sich alles auf genau dieses Problem.

Würde ich jetzt zum Beispiel ein Freebie mit dem Titel »Wie definiere ich meine Zielgruppe richtig, um regelmäßig Kund*innen zu gewinnen?« erstellen, würde sich diese Zielgruppe überhaupt angesprochen fühlen? Folgender Titel würde sie schon eher ansprechen: »Wie du endlich deine Reichweite vergrößerst, um regelmäßig zahlende Kund*innen zu gewinnen.« Und natürlich ist es auch wichtig, dass der Inhalt nicht direkt mit Zielgruppendefinition anfängt. Denn wie gesagt, der Übergang muss ganz vorsichtig geschehen.

Habe ich mir eine Zielgruppe im Problembewusstsein ausgesucht, dann sollte mein Fokus darauf liegen, sie vom wahrgenommenen zum tatsächlichen Problem zu führen, um ihr im Anschluss die Folgen ihres Problems bewusst zu machen. Doch für diesen Weg reicht ein Freebie nicht aus, hier muss ich mir schon viel mehr Zeit nehmen und alles Schritt für Schritt erledigen.

Habe ich mir hingegen eine Zielgruppe im Lösungsbewusstsein ausgesucht, die bereits weiß, dass sie eine Zielgruppendefinition erstellen muss, kann ich an einem ganz anderen Punkt ansetzen. Hier kann ich direkt ins Thema einsteigen, denn meine Zielgruppe will ja verstehen, wie das mit der Zielgruppendefinition so funktioniert.

Ich dachte mal, es wäre eine gute Idee, ein Freebie zum Thema Umfrage zu erstellen. Denn viele wissen, dass sie eigentlich eine Umfrage machen müssten, aber nicht, wie es geht. Also habe ich mich hingesetzt und geschrieben … und geschrieben … und geschrieben. Bis mir klar wurde: »Verdammt, ich muss schon wieder so viel erklären!« Denn wie bitte soll ich meiner Zielgruppe erklären, wie sie die richtigen Fragen stellt, wenn sie noch nie im Leben davon gehört, hat,

- wo sie ihre Zielgruppe abholt?
- welcher Persönlichkeitstyp ihre Zielgruppe ist?
- was ihre Triebfeder ist?
- … und so weiter.

Das wäre ein super Freebie für meine Kundinnen, die schon um einiges weiter sind auf ihrer Kundenreise. Doch dafür ist ein Freebie nicht gedacht. Ich brauche etwas, das meine Zielgruppe ganz am Anfang abholt und ihr dabei hilft, in meinen Bus einzusteigen.

Ich könnte jetzt ein PDF erstellen, in dem ich erkläre, warum eine Buyer Persona nicht hilfreich ist. Aber damit würde ich meiner Zielgruppe nicht weiterhelfen. Es würde sie höchstens noch mehr frustrieren und sie würde sagen: »Ja super, jetzt weiß ich, dass es mir nicht hilft, eine Buyer Persona zu erstellen. Aber wie geht es dann richtig?«

Was sie jetzt braucht, ist ein Freebie, das ihr zum einen klarmacht, dass eine Buyer Persona ihr nicht hilft, ihr aber auch gleichzeitig den nächsten Schritt auf den anderen Weg zeigt. Ein geeignetes Freebie erklärt beispielsweise, was es mit den Haltestellen auf sich hat.

Was Freebies angeht, bin ich mittlerweile kein Freund mehr von PDFs oder Webinaren oder Ähnlichem. Ich mag Bootcamps oder Challenges. Denn die geben mir die Möglichkeit, viel mehr Wissen auf einmal an meine Zielgruppe weiterzugeben. Doch wenn du noch ganz am Anfang stehst und es erst einmal darum geht, deine E-Mail-Liste zu füllen, wirst du um die klassischen Freebie-Formate nicht herumkommen.

Ich habe hier eine Liste von Formaten, die man verwenden kann, erstellt. Und vielleicht findest du auch eine Idee für dein Freebie:

PDFs:

- Checkliste
- Worksheet
- Schritt-für-Schritt-Anleitung
- Einkaufsliste
- Bild-Tutorial
- Tool-Liste
- Rezepte
- …

E-Mail-Serien:

- 3-Tages-Challenge
- 5-Tages-Challenge
- E-Mail-Tutorials
- Excel-Tabelle
- Video-Tutorials
- Designvorlagen
- Audiodatei
- Quiz
- Webinar
- Challenge
- Bootcamp

Im Prinzip sind deiner Fantasie hier keine Grenzen gesetzt. Wenn du noch andere Ideen hast, kannst du diese natürlich auch umsetzen. Diese Liste enthält nur ein paar Vorschläge, wie das Freebie aussehen könnte. Wichtig ist, dass es ein (Teil-)Problem löst, es kostenlos ist UND es eine Anmeldung erfordert. Denn nur mit Anmeldung ist es möglich, die E-Mail-Adressen zu sammeln. Und das ist ja der Grund, warum wir dieses Freebie überhaupt erstellen. So ist zum Beispiel eine Challenge auf Instagram, bei der jede*r einfach so mitmachen kann, kein Freebie.

Wie ist ein Freebie aufgebaut?

Geht es um ein PDF, dann kann es folgenden Aufbau haben:

- Titelseite – ganz wichtig ist hier, dass auf der Titelseite klar erkennbar ist, um was es geht und welches Problem gelöst wird.
- Einleitung und kurze Vorstellung von dir mit Foto – beides bitte wirklich ganz kurz halten. Wir erinnern uns: Die Leute sind nicht an dir, sondern an dem Freebie interessiert.
- Wenn das Freebie mehr als fünf Seiten umfasst, erstelle vorne eine Inhaltsangabe zur Übersicht.
- Im Footer (in der Fußzeile) immer die URL der cigenen Website einbinden, und zwar so, dass sie anklickbar ist. (Mit Canva kann man in seinem PDF anklickbare Links erstellen.)
- Den Inhalt gestalte übersichtlich und nicht mit zu viel Text auf einer Seite. Arbeite auch mit (eigenen) Bildern. Sind es nicht deine Bilder, dann achte auf die Bildrechte.
- Schlussseite mit einem Call-to-Action: Wie sieht der nächste Schritt aus, den deine Zielgruppe jetzt gehen soll? Angabe von Link zum Social-Media-Account, Info für ein Mini-Angebot, Podcast und so weiter. Sag deiner Zielgruppe klar, was sie tun soll, denn die Reise hat ja gerade erst begonnen.

Wenn du dich für eine E-Mail-Reihe entschieden hast, dann achte darauf, dass die Mails nicht zu lang werden. Komm nicht ins Plaudern, sondern halte dich kurz – so kurz wie möglich, aber so lang wie nötig. Bei einer Videoreihe sollte kein Video länger als fünf bis acht Minuten sein.

Der Freebie-Titel: Die oberste Devise lautet hier: einfach, direkt und klar! Denk daran: Wenn es nicht verstanden wird, interessiert sich auch niemand dafür. Du bekommst keinen Preis für den tollsten Titel, sondern er soll einfach nur Interesse wecken und erklären, worum es geht. Wichtig ist, dass direkt erkennbar ist, welche Transformation deine Zielgruppe mit deinem Freebie durchlaufen kann.

Ein Freebie-Titel hat eine Überschrift und eine zweite Subline (zweite Überschrift), wie zum Beispiel:

Überschrift: Wie aus Klicks Kunden werden
Subline: Die richtige Zielgruppe definieren, finden und richtig ansprechen

Lass keinen Spielraum für Interpretationen, sondern nenne nur die wichtigsten Informationen.
Zusammenfassung:

- Ein Freebie ist immer kostenlos.
- Ein Freebie braucht eine Anmeldung.
- Das Freebie muss zu 100 Prozent auf deine Zielgruppe zugeschnitten sein.
- Sei dir sicher, an welcher Haltestelle du die Zielgruppe abholst.
- Wähle das Thema, das die Zielgruppe beschäftigt, wenn sie zum ersten Mal mit dir in Kontakt tritt.
- Das Freebie muss absolut hilfreich sein, sodass deine Zielgruppe gern die Reise mit dir weiterführt.
- Behandele nur einen Teilbereich des Themas, pass auf, deine Zielgruppe nicht zu überfordern.
- Wenn du das Gefühl hast, du musst erst etwas länger erklären, bist du zu weit im Thema.
- Erstelle keine zu langen PDFs und packe die Seiten nicht zu voll mit Text.
- Nutze Bilder, aber wenn es nicht die eigenen sind, achte auf Bildrechte.

- Der Titel muss einfach, klar und direkt sein, sodass sofort die Transformation ersichtlich ist.
- Der Titel hat immer eine Überschrift und eine Subline.
- Zu Beginn ist ein Freebie mehr als genug. Später kannst du auch mehrere Freebies im Angebot haben.
- Zu Beginn sind PDFs, Audio- oder Videodateien oder auch E-Mail-Serien hilfreich. Später, wenn deine Liste schon ein wenig voller ist, kannst du auch eine Challenge oder ein Bootcamp als Freebie nutzen.

Ein Freebie ist ein wichtiger Punkt für deine Zielgruppe, denn damit beginnt ihre Reise mit dir. Lass dir also genug Zeit, um das richtige Freebie für deine Zielgruppe zu finden.

UND JETZT BIST DU DRAN:

Hast du bereits eine Idee, zu welchem Thema du ein Freebie erstellen könntest?

GANZ WICHTIG: Ein Freebie kommt erst, wenn die Zielgruppendefinition abgeschlossen ist, die Website und der Social-Media-Account stehen! Alles muss Schritt für Schritt gemacht werden … nicht vergessen!

Du bist nicht dein USP

Bevor wir jetzt zum Ende kommen, habe ich noch ein Thema, das ich gern ansprechen möchte. Und zwar geht es dabei um den USP. Was genau ist ein USP?

Der Begriff »USP« – Unique Selling Point – bezeichnet im Marketing ein einzigartiges Nutzerversprechen, mit dem sich ein Produkt oder eine Dienstleistung gegenüber gleichartigen Angeboten der Mitbewerber*innen abhebt. Umgangssprachlich wird der USP auch als Alleinstellungsmerkmal bezeichnet.

Der USP sorgt also dafür, dass wir uns von unseren Mitbewerber*innen am Markt unterscheiden, sodass unsere Zielgruppe einen Anreiz hat, in unseren Bus einzusteigen. Bin ich mit meinem Angebot in einer extrem kleinen Nische, sodass kaum bis gar keine Konkurrenz besteht, dann ist der USP nicht so wichtig. Doch das ist leider sehr selten der Fall, und für uns andere ist so ein USP wertvoll und überlebenswichtig.

Gleich sprechen wir noch darüber, warum der USP so wichtig ist und wie du den für dich passenden finden kannst. Aber zuerst möchte ich mit einem Missverständnis aufräumen:

DU BIST NICHT DEIN USP!

Viele Business-Coaches auf dem Markt versuchen uns zu erzählen, dass wir selbst der beste USP für unser Business wären. Aber das stimmt so nicht. Denn wenn wir uns einmal die genaue Übersetzung dazu anschauen, heißt USP – Unique Selling Point = einzigartiger Verkaufspunkt.

Wie ich in diesem Buch bestimmt schon 100-mal erwähnt habe: Unsere Zielgruppe ist nicht an uns als Person interessiert, sondern an unserem Angebot. Also entweder an unserem (selbst gemachten) Produkt oder an unserer Dienstleistung. Die umgangssprachlich oft genutzte Bezeichnung »Alleinstellungsmerkmal« verleitet dazu zu glauben, dass es möglich wäre, der eigene USP zu sein. Ja, niemand ist so, wie ich es bin. Aber das alleine reicht bei Weitem noch nicht aus, damit meine

Zielgruppe bei mir kauft. Daher lege ich das Augenmerk auf die genaue Übersetzung, denn die sagt ganz klar aus, worum es eigentlich geht.

Unser USP ist das, was uns auf dem Markt besonders macht, was uns von der Masse abhebt. Das kann das Angebot selbst sein oder aber auch zum Beispiel die Methode, mit der wir arbeiten. Nehmen wir mal wieder mich als Beispiel:

Mein USP ist meine Methode zum Zielgruppencoaching.
Ich unterstütze selbstständige Frauen dabei, die Zielgruppe zu finden, mit der sie endlich Geld verdienen. Und das mache ich mit meiner ganz eigenen Methode, nämlich mit einer Mischung aus Zielgruppenpsychologie und Marktforschung. (Das ist das Besondere an meinem Angebot.)

Und ICH bin die Marke.
Die Marke ist Claudia Schiffer.

Verstanden?
Gut, dann schauen wir uns mal an, warum der USP so wichtig ist.

In so ziemlich fast allen Marktsegmenten ist der Großteil der Produkte nahezu austauschbar. Viele Produkte unterscheiden sich gerade mal im Namen und in der Aufmachung der Packung. Ginge es jetzt also beispielsweise bei der Suche nach dem passenden Waschmittel nur darum, würden die Kund*innen zu irgendeiner Packung greifen, denn sauber machen sie alle.

Der USP kann in solch einer Umgebung dafür sorgen, dass unser Angebot den anderen vorgezogen wird:

- über den Preis,
- über den Service,
- über besondere Rückgabegarantien,
- über einzigartige Methoden,
- über kostenfreie Zusatzangebote
- … und so weiter.

Du siehst, es gibt eine ganze Reihe von Möglichkeiten, wie der USP für ein Produkt/eine Dienstleistung aufgestellt sein kann. Es geht darum, den Kund*innen klarzumachen, warum sie jetzt unser Angebot kaufen sollen und nicht eins der anderen Anbieter. Und auch hier kommt uns die Definition der Zielgruppe wieder zu Hilfe. Denn um einen USP für unser Angebot zu entwickeln, müssen wir natürlich wissen, was unsere Zielgruppe braucht.

Würde ich jetzt zum Beispiel das Zielgruppencoaching als meinen USP nutzen, könnte das nicht wirklich erfolgreich werden. Denn Zielgruppencoaching an sich bekomme ich auch bei anderen Business-Coachings. Und bei denen bekomme ich sogar noch mehr dazu. Wenn ich aber die neue Methode der Zielgruppendefinition als meinen USP auf dem Markt nutze, biete ich etwas an, das es so noch nirgends gibt.

Meine Zielgruppe ist gnadenlos zielorientiert. Sie liebt es, einen Vorteil gegenüber der Konkurrenz zu haben. Und wenn diese Methode einzigartig auf dem deutschen Markt ist, bedeutet das auch, dass die Konkurrenz sie sehr wahrscheinlich noch nicht anwendet. Und bingo – schon tritt der HABEN-WILL-Effekt ein!

Also kann man sagen, dass der USP folgende Merkmale beinhalten sollte:

- Einzigartigkeit
- Zielgruppenrelevanz
- Verteidigungsfähigkeit

Was meine ich mit Verteidigungsfähigkeit? Wenn ich jetzt behaupte, dass du mit meiner einzigartigen Methode deine Zielgruppe auf jeden Fall in nur zwei Wochen findest, wird es schwierig, das auch für alle möglich zu machen. Es ist also wichtig, dass der USP realistisch UND einzigartig ist.

Wie findest du deinen USP?

Im Prinzip solltest du dir die folgenden Fragen stellen:

- Was hebt mein Produkt/meine Dienstleistung von anderen ab?
- Welchen USP nutzt meine Konkurrenz?
- Welchen Vorteil hat meine Zielgruppe davon?
- Welche Zielgruppentriebfeder kann mir bei der Formulierung des USP helfen?

Und wie immer ist auch hier zu beachten: einfach, direkt und gut verständlich.

Es gibt noch etwas, das für die Findung ganz interessant sein könnte: der Unterschied zwischen Basisnutzen und Zusatznutzen.

Der Basisnutzen ist der grundsätzliche Nutzen, den die Zielgruppe von unserem Produkt oder unserer Dienstleistung hat. Er ist bei allen Angeboten in unserer Nische gleich.
Zum Beispiel: Alle italienischen Restaurants bieten Pizza und Pasta an und bieten dazu einen Lieferservice.

Der Zusatznutzen ist ein ergänzendes Merkmal, das die anderen Angebote nicht haben, aber haben könnten.
Zum Beispiel: Als italienisches Restaurant könnte ich jetzt den Lieferservice kostenfrei anbieten oder aber auch eine Flasche Wein zu jeder Bestellung kostenlos dazugeben.

Der USP ist im Grunde noch mal »eine Schippe drauf«. Etwas, das es auf dem gesamten Markt so nicht gibt.
Zum Beispiel: Ich mache wagenradgroße Pizzen im Steinofen. Das ist mein Alleinstellungsmerkmal, das gibt es so auf dem Markt nicht noch mal.

- Den Basisnutzen haben alle.
- Den Zusatznutzen machen nur wenige, könnten aber alle machen.
- Der USP ist etwas, das nur ich nutze.

Hier noch ein paar Beispiele von bekannten Unique Selling Points, mit denen die jeweiligen Unternehmen sehr erfolgreich wurden.

- **Amazon – vielfältiges Angebot, jederzeit verfügbar**
  Bei Amazon bekommen wir heute im Prinzip alles, was wir brauchen, und das mit dem Premium-Dienst Amazon Prime auch noch am nächsten Werktag.
- **Edeka liebt Lebensmittel**
  Edeka wirbt damit, Experte für frische Lebensmittel zu sein. Das vermittelt Sicherheit und Kompetenz, auch wenn sie bei Weitem nicht nur frische Lebensmittel verkaufen.
- **IKEA: Wohnst du noch oder lebst du schon?**
  IKEA macht Möbel einfach! Man kann sie günstig kaufen, selbst mitnehmen und zusammenbauen. Das bedeutet eine schnelle Verfügbarkeit und eine große Auswahl.

UND JETZT BIST DU DRAN:

Was ist der USP für dein Angebot?

Und denk dran: Du bist die Marke!

Sichtbarkeit braucht Klarheit

Und jetzt sind wir auch schon beim letzten Kapitel angekommen. Ich hoffe, du hast ein paar neue Sichtweisen auf das Thema Zielgruppe für dich mitnehmen können und verstanden, welchen Einfluss es auf dein Business hat.

Wenn wir mit unserem Business starten, sind wir regelrecht unsichtbar. Niemand kennt uns, niemand nimmt uns wahr. Daher ist der erste und gleichzeitig auch wichtigste Schritt herauszufinden, für welche Menschen wir sichtbar werden wollen.

Diese Menschen sollten zu uns passen, denn wir werden viel Zeit mit ihnen verbringen.

Und um überhaupt für sie sichtbar werden zu können, müssen wir ihre Aufmerksamkeit erregen. Das schaffen wir nur durch eine direkte Kundenansprache, und dafür brauchen wir … genau … eine gut ausgearbeitete Zielgruppendefinition.

Auch wenn sich einiges in diesem Buch sehr einfach angehört hat, glaube mir, das Thema Zielgruppe hat es in sich. Nicht nur, dass wir häufig mit unseren eigenen Ängsten zu kämpfen haben, sondern wir üben, wenn man so sagen will, am lebenden Objekt. Du kannst jetzt noch nicht wissen, ob die Menschen, die du gerade im Kopf hast, später auch wirklich zu dir passen. Und auch wenn sie in der Umfrage und im Interview perfekt wirken, erst in der täglichen Arbeit wirst du merken, ob es passt oder eben nicht.

Zielgruppe fordert! Zu jeder Zeit! Daher ist es besonders wichtig, dass du so früh wie möglich für Klarheit sorgst.

Denn Klarheit bringt dir Motivation, und die Motivation hilft dir auch in schwierigen Momenten.

Gib nicht auf! Ich verspreche dir, es lohnt sich!

Über die Autorin

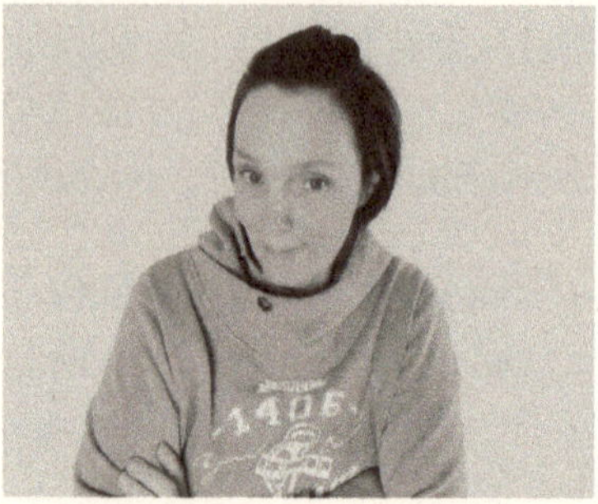

Claudia Schiffer lebt mit ihrem Herzenshund Jacob in der schönen Eifel und muss immer wieder sagen: »Nein, ich bin nicht das Model!« Die gebürtige Italienerin war über 30 Jahre selbstständig und bezeichnet sich selbst gern als Perfektionistin 2.0.

Unter *sogehtzielgruppe.de* hilft sie Selbstständigen dabei, die passende Zielgruppe zu finden. Sie möchte mit ihrer Spezialisierung auf die Zielgruppe den Fokus ein wenig mehr auf dieses Thema legen. Neun von zehn Menschen scheitern an oder mit ihrer Zielgruppendefinition, und genau das möchte sie ändern.

»Ich begleite Selbstständige und Unternehmer*innen dabei, online und/oder offline, dem Stress im Alltag zu entkommen, um so wieder zu ihrer inneren Ruhe zu finden, damit sie mit sich, ihrer Familie, und ihrem Business wieder glücklich und zufrieden sein können.«

Unterschiede:
Männer & Frauen, Online & Offline, Selbstständige & Unternehmer*innen
Verschiedene Bedürfnisse:
Innere Ruhe für sich finden – Innere Ruhe für die Familie finden – Innere Ruhe für das eigene Business finden.